最美的昆虫科学馆

小昆虫大世界

Kun Chong Ji

昆虫记

个性十足的虫子
——蛾子、蜘蛛、萤火虫

〔法〕法布尔／原著　　胡延东／编译

U0324647

天津出版传媒集团

天津科技翻译出版有限公司

前　言

　　《昆虫记》是法国杰出昆虫学家、文学家法布尔的经典之作，它详细记载了多种昆虫的本能、习性、劳动、婚姻、繁衍、死亡、丧葬等习俗，堪称一部了解昆虫的百科全书。

　　然而《昆虫记》的意义又不仅于此，全书从人文关怀的视角出发，通过对昆虫习性的描写，展现了各种昆虫的个性特点，以及它们为了生存而做的不懈努力，体现了作者对昆虫的尊敬，对生命的关爱。

　　由于《昆虫记》是作者以"哲学家一般的思，美术家一般的看，文学家一般的感受与抒写"编著而成的史诗，也是尊重生命、讴歌生命的典范，所以它问世这一百多年来，便一版再版，先后被翻译成五十多种文字，一次又一次在读者中引起轰动。它的作者法布尔，也因对科学和文学方面的双重贡献，被誉为"科学诗人""昆虫世界的荷马""昆虫世界的维吉尔"。

　　作为中国中小学生的必读课外读物，《昆虫记》因其知识性和趣味性而备受关注，但它毕竟是一部科普巨著，这对课业繁重、理解能力有限的中小学生来说，是一项很大的"阅读工程"。所以本系列丛书就根据原版《昆虫记》所提供的有关昆虫生活习性的资料，以简单通俗的语言将每种昆虫的特点简要呈现出来，省去原书中专业化的术语及大量反复的实验论证过程，保留原书的叙事特色，让孩子在轻松愉快的阅读氛围中体验到昆虫王国的奇特。

　　本套《昆虫记》共分十册，其中《个性十足的虫子——蛾子、蜘蛛、萤火虫》着重讲述了蛾子、椿象、蜘蛛、蝎子等昆虫的故事，各路英雄可谓"你方唱罢我登场"，在各自的舞台上尽显生命本色。作为最后出场的主人公，它们都有着非同一般的生存技巧，驾驭扁舟、爆炸孵化、用蛛网发电报、凶狠的丧葬习俗……这些绚丽的故事，就是本书所要展现的主题，精彩不容错过！

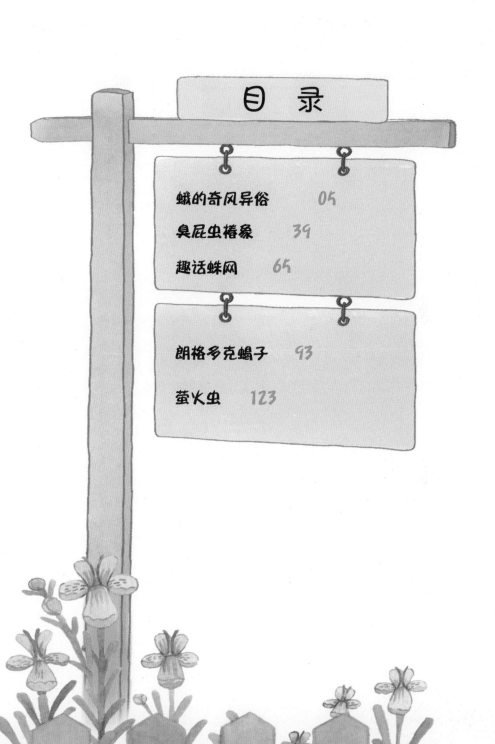

目 录

蛾的奇风异俗

篓子和柴捆

石蛾有"搬运工""背包虫""背袋虫"等奇特的称呼，这跟它喜欢背着"篓子"四处闲逛有关。

它的篓子，是一座用乱七八糟的材料搭建起来的粗陋茅屋。最初的建筑材料是一些长期浸泡在水中的侧根。幼虫会用大颚将这些藤条一样的侧根锯成一根根小棍子，然后将它们一根根水平固定在篓子的边缘。然而这样的建筑容易被水塘中杂乱无章的水草牵绊，变成一个毛糙的破篓子。幼虫长大一些之后，就在水中寻找一些比较粗的木质建筑材料，如植物的茎秆、树杈、小块树皮、小贝壳、牛头螺的小塔等等。这些东西不像锯出来的侧根那么规则，有的长，有的短，有的粗，有的细，有的方，有的圆，幼虫就将它们乱七八糟地组合在水平放置的藤条上——这个大杂烩会是一个建筑物吗？

不要歧视石蛾的建筑物，如果你能为它提供一些更好的建筑材料，它会设计出一栋漂亮的房子。我从杂乱无章的建筑物中取出几只石蛾幼虫，将它们转移到一个水杯里，送它们一些水母。一方面水母能为它们提供食物，另一方面水母均匀的白色侧根也可以为它提供建筑材料。几个小时之后，我看到它们已经在用水母的侧根制作篓子了。它们先根据需要将侧根裁剪得几乎

一样长，然后再用吐出来的丝加固不太坚固的部位。如果所有建筑材料都均匀且长短得当的话，我相信它会做出一个标致的篓子。

有同样爱好的还有蓑蛾。当你在破败的城墙上或尘土飞扬的小路上看到一个小小的柴堆在移动，不要大惊小怪。移动说明有生命在工作，柴堆里面就住着蓑蛾的幼虫。这个柴捆就是幼虫的衣服，它走到哪里就把柴捆穿到哪里。柴捆，同篓子一样，担当着防御功能。蓑蛾幼虫平时只将头和半截身子

露出，一旦觉得自己受到威胁，就将头和身子缩回到柴捆里。在没有羽化为蛾子之前，蓑蛾幼虫会一直居住在这个柴捆中，就像锯角叶甲幼虫躲在坛子里那样。

若想了解柴捆的建造过程，就要从蓑蛾的卵开始观察。我看到，卵孵化之后，幼虫来不及寻找食物，就急急忙忙奔向母亲为它们留下的柴捆。有的幼虫相中了母亲旧屋子上的小树枝，有的幼虫相中了老屋松软的墙壁，有的相中了柴捆的某个建筑材料。总之它们喜欢什么，就用自己的大颚将它剪下来，然后为自己编织出一身新衣服，将自己稚嫩的皮肤掩藏在里面。

总之，我观察了大量幼虫制作柴捆的经过，结果都与此类似。幼虫出生后的第一件事就是用母亲留下的财产为自己缝制柴捆衣，决不远征，也不先寻找食物。即使我将它的衣服脱掉，饿它两天，然后再释放。饥肠辘辘的它

还是宁愿冒着饿死的危险，也要首先寻找建造柴捆的材料，为自己缝制一件有保护肌肤功能的衣服。

由此可见，对石蛾幼虫和蓑蛾幼虫来说，穿衣比吃饭更重要。它们宁愿忍饥挨饿也要拥有一件保护身体的篓子或柴捆。

况且，它们的担心也不是没有道理的。我曾无意间将两只龙虱跟石蛾幼虫放在一起，两只龙虱立刻就为幼虫娇嫩的肉香所吸引，它们拼命地向猎物游过去。这一幕如果发生在野外，石蛾幼虫会急急忙忙丢掉自己的篓子，然后从篓子下面逃走——篓子的重要性可见一斑。但如果发生在我的水杯实验室里，石蛾幼虫无路可逃，即使丢掉篓子也无济于事，它们很快就会成为龙

虫餐桌上的美馔。所以在实验中我发现，即使我拿掉石蛾幼虫的篓子，它也会就近选择材料，急急忙忙地重新为自己建造一个新的篓子或柴捆。这个东西可是它躲避危险的法宝。

漂浮的"扁舟"

　　石蛾制造篓子的材料是各种各样的，有些毛石蛾或长角石蛾也会用沙粒制造篓子。它们就背着这种沙子建筑物在河底悠闲地散步，从一块礁石到另一块礁石上。而我所见到的石蛾，似乎比它们更有本领。它们可以穿着贝壳、木柴造成的篓子漂浮，一只只幼虫就结成一排排永不下沉的小船队。石蛾幼虫是怎样保证小船不下沉的呢？

　　我将一些石蛾幼虫从它们的篓子里取出，然后将篓子放在水面上，篓子很快就下沉了。篓子的建筑材料多种多样，树枝、植物种子、贝壳、树皮等等，它们也难以单独漂浮在水面上。我将这些材料放在水面上之后，它们大多数很快就像沙粒一样下沉了。我反复用篓子的材料做实验，连最难以下沉的螺圈也用了，但结果都是很快下沉。尽管偶尔能有几片小木片留在水面上，但这远远不能确保篓子长时间漂浮。

　　为了探明石蛾漂浮的秘密，我让几只石蛾站在一张吸水纸上。它们战战兢兢地走在上面，用足紧紧地抓牢篓子并努力将篓子拉向自己。它们这

样在露天待了两分钟之后，我把它和篓子重新放到水里。它们排了一个气泡之后，很快就下沉了。无论做多少次试验，石蛾总是先像一个圆柱体一样竖直插在水里一会儿，然后排出一个气泡，就迅速下沉。

现在我猜想，石蛾是用篓子包裹住身体，尽管这些材料比水重，石蛾却能借助其中的空气让自己待在水面上。篓子的后部被截去了一段，上面有一个用丝做成的横膈膜，膜的中心有一个圆洞口，篓子下沉就是这里灌水的缘故。篓子虽然是由乱七八糟的材料杂乱无章地堆积在一起的，但内壁却被幼虫打磨得非常光滑，石蛾就可以在这里，借助自身的钩子、六只足和身体的平衡来控制篓子的漂浮。

石蛾休息的时候，它将自己整个身体都塞到篓子里。当它想要浮到水面上时，就拖带着篓子爬到一个支撑物上。将自己的前身努力往外伸，这时候篓子里就留出一段空隙。石蛾靠着这段空隙就可以顺利地浮上来。这就好比一个活塞，往外拉时，空气就随着气流往上涌，而那个篓子就是一个救生圈，靠着空气上涌的浮力，将石蛾牢牢地托住，不使它下沉。因此石蛾平常即使不牢牢抓住水草，也可以通过自己的篓子浮到水面上。如果它不想在上面待着的话，就缩回前半身，这样篓子里便没有了多余的空气，它就和篓子一起沉入水底了，可以在下面尽情遨游。只是它并不是一个游泳的高手，转身或拐弯的时候尤其笨拙，一定要控制好上半身这个舵桨，否则篓子便不听使唤，它就无法转向。总之，篓子

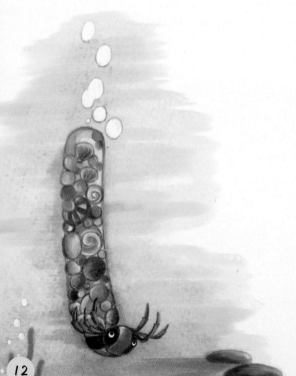

在石蛾的巧妙控制下，一会儿上升，一会儿下降，一会儿又神奇地停留在水中央，像一只潜水艇一样。

　　我们人类研究了好久，才通过潜水艇实现了"水上飞"的潇洒。而石蛾呢？天生就知道运用水塘中的乱七八糟的材料为自己组建一只"潜水艇"，大自然赐予它多么美妙的本能啊！我们人类真应该尊敬这些小小的虫子。

丑女待嫁

　　小蓑蛾是蓑蛾中个子最小、衣着最朴素的一位。虽然它貌不惊人，却为我呈现了蓑蛾家族一些不为人知的故事。

　　六月底，雄小蓑蛾羽化了。它从小柴捆的后端走出来，然后就拍拍翅膀，围绕着柴捆飞几圈。幸运的话，它会发现雌小蓑蛾稳稳地站在柴捆上，只要它愿意，总能娶到这个媳妇儿。雌小蓑蛾则是一个性格腼腆的姑娘，总是羞答答地躲在自己的闺房中，大门不出，二门不迈，不会主动谈恋爱，总是静悄悄地站在家里等待爱情——爱情应该努力争取啊！

　　相反，雄小蓑蛾非常渴望爱情，它飞来飞去就是为了寻找这些待嫁女郎。不过这可能是因为它们的生命很短暂——被我捉到钟形罩中的雄蛾，通常三四天就死了。如果这三四天内它找不到一个意中人的话，雌蛾就又少了一个机会。

雌蛾似乎也意识到丈夫资源短缺的危机，所以也开始尽自己最大的努力争取爱情。于是我就看到了奇怪的一幕：

结婚的日子到了，雌蛾往自己家的门厅里塞了一大堆非常细的絮团。絮团涌到门口，好像一堆雾，飘渺，却令人神往。然后，这个自恋的女主人，就将自己的头和半截身子从这堆雾中伸出来。原来它觉得自己该嫁人了，不能像以往那样养在深闺中了，要主动争取。

可是，雄虫可能早就死了。雌虫日日趴在雾状天窗上等候，时时刻刻期待着情郎的召唤。可一天天过去了，始终没有哪位先生发现这位待嫁的女郎。女主人原本满怀着对婚姻的热情，现在希望却一点点转化为泡影。最后

它等得不耐烦了，就极不情愿地慢慢退回到自己的闺房。可是它实在不甘心沦为"剩女"，于是第二天或第三天的上午或者其他它有力气的时候，它会再度出现在雾状天窗那里，满怀希望地盼望某个绅士前来求婚。

不会再有男子前来约会了，雌蛾失望地回到自己的闺房，从此之后再也没出来。我用手掌稍微扇了一下它的雾状天窗，雾就消散了，反正女主人也用不着了。最后呢？最后那个嫁不出去的女主人在自己的闺房中孤独地死去了。

我觉得自己很对不起这位女主人，因为正是我对昆虫的好奇，促使我将它和它的柴捆放到了钟形罩中，那些想娶妻的先生是无法发现它并找到它的，以至于它最后在爱情的等待中绝望地死去———生不被爱，这是多大的

悲哀，我是一个多么可恶的研究者啊！

最可悲的还不止于此。有些雌蛾在天窗上往下俯身寻找情郎时，往前探身太多，结果不小心掉了下来，就这样摔死了。不过这个坠楼事件也让我得到一点好处，我终于可以看清柴捆后面的主人真相了，也让我的心里得到一点点安慰———不仅仅因为研究有了进步，而是良心没那么不安了，因为这个待嫁女郎实在是太丑了，它只能算一个皱巴巴的口袋，全身只有装卵的口

袋巨大，其余部位都很小。小小的头像一个平凡的小球一样陷在第一个体节里，前几个体节的腹面上长了几个丑陋的黑斑，身体后部则是一个巨大的嗉囊，雾状东西就是从这里分泌的。总之它丑极了，嫁不出去也不是我的错，我只能这样安慰自己。

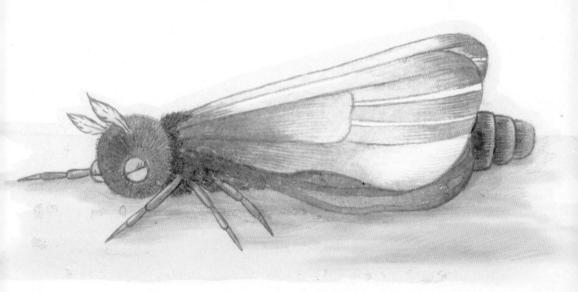

母亲的遗产

有人说，蓑蛾幼虫孵化的时候，会吃掉自己的母亲。这样令人发指的说法，不但我不信，大自然也不会这样安排。所以我非常怀疑说这样话的人是否真正见过蓑蛾的家庭。

我亲眼见过小蓑蛾母亲的产卵。它像个钩子一样蹲在柴捆后端，一动不动地连续生产了三十几个小时，然后才拔出自己的产卵管。它不顾自己的辛苦，又找出一些碎毛屑将门封闭，最后，它横躺在门槛上死去了。它的身体成为一堵屏障，除非刮起大风，否则它将永远堵在这里——到死还在为自己的家庭做贡献，多么可敬的母亲呀！

我还要谈谈它的碎毛屑，这是母亲在房间里走来走去蹭掉的，也可以说是故意蹭掉的。鸭子妈妈会脱掉自己身上的鸭绒，为小鸭子做一张柔软的床垫；兔子妈妈们会在腹部、脖子上拣下一些柔软的兔毛，为孩子们铺一张暖和的床垫；蓑蛾妈妈为什么不可以用自己的毛为孩子们做一张同样的床垫

呢？蓑蛾卵壳的前部塞满了蓑蛾妈妈的毛，卵孵化之后，幼虫会在这张柔软、暖和的毛垫上休息一会儿，然后就急匆匆地搜集制造柴捆的材料，这些毛屑也被充分利用了。

至于蓑蛾母亲尸体做成的屏障，到了幼虫出生的时候，母亲的尸体已经变得透明了，脖子尤其干燥，很不牢固。幼虫出来的时候，会对母亲的尸体怎样？粗鲁地推开或砍出一条路吗？不是的，母亲生前已经想到这点了，它发明了一种自动断头手术，那就是努力让自己的脖子细一些，以便在需要的时候自行断掉，让孩子们轻轻松松地从自己身上跨过。卵孵化之后，母亲尸体的头果然就自己断掉了，一窝幼虫从母亲打开的天窗里，顺利地走出了襁褓。这就是事实的真相，幼虫并没有吃掉自己的母亲。

母亲的遗产是用不完的。幼虫在毛垫上休息一会儿，感觉身体有力了，便练习行走，然后很快四散开来寻找制造柴捆的材料。

　　材料是现成的，母亲的旧衣服就是最好的材料。柴捆中的小树枝、茎秆及母亲留下的毛屑等，很容易被劈开或采集，每个幼虫都会挑选一件自己中意的，然后用大颚刨、削，并裁剪成自己喜欢的样子。同时，它们还会纺丝，将这些建筑材料粘在一起。它们这样充分发掘母亲留下的遗产，不一会儿，就织出了一顶顶白色风帽一样的小建筑。

　　这又说明了什么呢？幼虫所面临的危险太多了，不适合远征寻找建筑材料。母亲生前就想到了这一点，于是它努力在自己的柴捆中多准备一些材料，多蹭掉一些毛，好使孩子一出生就能就近找到建筑材料。等这些小家伙身体强壮到足够应付远征的时候，它们已经从母亲遗留下来的建筑中找到足够多的材料，做好了一件舒适暖和的柴捆衣服，有了这件保护衣，它们就可以去远征了。

　　母爱的伟大，不仅仅体现在对子女的细心呵护上，还在于谨慎地预测未来。这种习惯会促使母亲提前为孩子们的成长做好一切安排，这也是一个蓑蛾母亲的伟大本能。

大孔雀蛾的晚会

我永远忘不了这一天：5月6日上午，一只雌大孔雀蛾在我面前羽化了，它的翅膀还湿漉漉的，不能飞，我急急忙忙将它关在钟形罩内。到了晚上九点，全家人都睡下时，我忽然听到隔壁传来一阵闹哄哄的声音，我的小儿子保尔则激动地向我大叫：

"爸爸快来看呀！一屋子都是像鸟那样大的蛾子！"

我赶快跑过去，看见儿子正疯狂地翻动椅子，已经有四只大蛾子被他抓进笼子里了。房间里布满了大蛾子，连天花板上趴的都是。孩子的激动不是没有道理的，我的房间里还从来没出现过这样壮观的场景呢！我想起早上我捉了一只雌大孔雀蛾，于是就吩咐保尔穿好衣服，陪我一起到实验室看看。

在去实验室的路上，我们在厨房碰见了保姆。她也见到了那些大蛾子，吓得不得了，还以为是蝙蝠呢，只顾得用自己的围裙驱赶。连厨房里都有蛾子，看来它们已经占据了我整个家。来到实验室，里面的场景更是

22

壮观，我一生都忘不了这一幕：无数的大孔雀蛾围绕着钟形罩不停地飞，一会儿飞向天花板，一会儿返回，一会儿又降落，不断发出噼噼啪啪的翅膀拍动声。喜光的它们看到蜡烛，奋不顾身地拍打着翅膀飞来。有的大孔雀蛾非常大胆，竟然飞到我的肩膀上，趴在我的衣服上，甚至用翅膀拍打我的脸。如果这是一群蝙蝠，情景该是多么惊心动魄啊！保尔吓得紧紧抓住我的手。

我粗略估算了一下，这些蛾子的总数，应该有40只左右。它们都是雄蛾，像收到妙龄女郎的晚会邀请函一样，如约来到晚会的现场，翩翩起舞，向钟形罩中的女郎大肆献殷勤。

我还是别打扰它们的晚会了。因为我手中的蜡烛显然比女郎的眉眼更有吸引力，它们冒冒失失地向着火焰扑过来，一股烧焦的气味立刻弥漫整个实验室，我们赶紧拿着蜡烛退了出去。

在接下来的八天里，每天晚上8点到10点之间，雄大孔雀蛾都会一只只飞来，总数累计多达150只。它们不顾雷雨将至，不顾乌云遮天，不管夜间漆黑，好像这些都是晚会的必备条件一样。

除了这些，雄大孔雀蛾还有其他困难。我的房子被两棵高大挺拔的梧桐树遮盖着，门前的路边还长着丁香和蔷薇，四周都是松树群，房子的前面是小灌木丛，总之我的房子被这些植物围得水泄不通。大孔雀蛾是怎样穿过这些障碍找到我的家呢？况且又是在黑夜。我相信即使最勇敢的猫头鹰，这时也不敢轻易离开它栖息的橄榄树枝，大孔雀蛾却不顾黑暗，不顾艰难险阻，勇往直前地来到了目的地，而且身上没受到一点擦伤。

解不开的谜团

所有问题都集中到一点：雄大孔雀蛾是怎样知道我家关着一只雌大孔雀蛾的？

首先排除视觉。这个证据就太多了，它们总是夜晚来，根本不可能看清东西。况且我家被高大的植物包围着，即使它们有火眼金睛也看不穿植物和房屋后面有什么。还有，来到我家的大孔雀蛾，只有一部分飞到实验室里，其余的飞到厨房、保尔的卧室里，如果它们看得见的话，应该能直接飞到实验室里。

有人提出它们的触角有特异功能，会帮它们找到雌大孔雀蛾。第二天，

　有几只雄大孔雀蛾不肯离去，我捉住8只，将它们的触角给剪掉了，结果其中6只离开了，剩余2只死掉了——不是我折磨死的，它们的寿命其实很短。到了晚上，我搜集到25只大孔雀蛾，只有1只没有触角。第二天，我又剪掉24只大孔雀蛾的触角，晚上却连一只没触角的都没抓到。这些似乎告诉我，它们正是靠触角找到雌大孔雀蛾的，但我依然不敢轻易下结论。

　　第四天晚上，我又捉了14只大孔雀蛾，将它们的胸毛给拔掉了，结果下一个晚上捉到两只没有胸毛的大孔雀蛾。跟切掉触角的实验结果差不多，所以我断定切断触角的大孔雀蛾之所以一去不返，不是因为失去触角这个指导器官，而是因为它们老了，被爱情折磨得过早离世了。在钟形罩中等待爱情的雌大孔雀蛾，也只活了8天，最后死去了。我要想找到答案，必须重新寻找试验品。

夏天，我从小孩子手中买了一些大孔雀蛾幼虫，重新开始实验。尽管我不停地变换放置雌大孔雀蛾的地点，结果仍然与之前差不多。雄大孔雀蛾仍然络绎不绝地飞来并找到它。这些虫子，有的可能跋山涉水从很远的地方

来，它们究竟是怎样找到那待嫁的女郎呢？

指引雄大孔雀蛾的，可能是视觉、声音、嗅觉中的某一个。视觉的问题已经没有必要探讨了。声音也很容易被排除掉，雌大孔雀虽然能发出声响，但声音很低，参加晚会的雄大孔雀蛾可能来自几里地之外，它们是不可能听见的。

剩下的只有嗅觉。

我在关押雌大孔雀蛾的房间里放了一些樟脑丸，试图用樟脑强烈的气味干扰它们。可我的阴谋落空了，参加盛会的雄大孔雀蛾丝毫不为樟脑气味所迷惑，毅然决然地找到了关押雌大孔雀蛾的屋子。这个实验似乎告诉我，大孔雀蛾的嗅觉也不敏感，我只有再考虑其他办法。

第三年，我又重复了同样的实验，仍然没有弄清真相。联想到电报利用电磁波传导的特点，我就猜想，是不是雌大孔雀蛾也会运用电磁波，向方圆百里的雄虫传达信息呢？于是我将它严严实实地关在盒子里，用胶泥封锁盒子口，结果发现没有一只雄大孔雀蛾飞来；但是只要将盒子稍微留一条缝隙，就会有雄大孔雀蛾收到邀请函，前来我家参加宴会。电磁波是能穿过盒子的，这个实验告诉我，它们不是靠电磁波传播消息的。

这个问题我已经研究了三年，依旧没找到答案，况且我已经没有研究对象了，我只好放弃这个实验。不是我喜欢半途而废，而是实验面临很大困难。雄大孔雀蛾总是晚上出现，我要想观察它们就得拿照明工具，而它们又是喜欢光的，所以不但会忘了爱情，还会向我的蜡烛扑来把自己烧焦。因此我必须寻找一种喜欢在白天结婚的蛾子来做实验。

我曾经得到一只小孔雀蛾，雄蛾顺着风来到我的家中，我只能通过这个现象排除嗅觉因素。不过最后我依然没有用小孔雀蛾做实验，因为它们虽然在白天结婚，但出现时间太晚，也不利于实验观察，我只有再寻找实验对象。

最终告诉我事情真相的橡树蛾，即小阔纹蛾，出现在三年以后。雌蛾仍然能为我吸引来大批情郎，这些情郎仍然不为樟脑的气味所迷惑，甚至汽油的气味、药物的气味都不能干扰它们，它们也仍然找不到密封在盖子里的待嫁女郎，但只要我露一点缝隙，它们就能找到待嫁女郎的囚牢。总之，它们重复了发生在大孔雀蛾身上的故事。但我总算在一个很偶然很偶然的机会，发现了真相。

雌蛾的"春药"

有一次，一只雌小阔纹蛾在金属网罩里待了一个晚上和一个上午。为了测试雄蛾飞进房间之后是否用得上视力，到了下午，我将雌蛾取出来放到一个小树杈上，顺手将金属网罩放到一个角落里。屋子里的光线有些暗，但如果雄蛾们视力足够好的话，肯定能发现雌蛾的。可接下来的事情令我大吃一惊。

雄蛾被吸引来之后，对树杈上雌蛾不管不问，它们甚至从这里飞过，但

却没有停下脚步，而是径直飞向金属网罩，在罩顶盘旋。一直到傍晚，它们都围着这个没有雌蛾的金属罩跳舞，却对屋子里的雌蛾不闻不问。

雄蛾们来到我的房间，肯定是被雌蛾吸引过来的，结果为什么反而对

待嫁女郎视而不见呢？雌蛾在金属网罩里待了一个晚上和一个上午，金属网罩里应该留下了它的气味，吸引雄蛾的正是这些气味。这些诱人的气味堪称"春药"，所以雄蛾飞来之后，直奔"春药"散发点而去。由于雌蛾刚刚被我挪到树杈上，"春药"还来不及发挥作用，所以旁边的雄蛾就没什么反应。合理的解释应该是这样，我有办法验证自己的结论。

　　早上，我将雌蛾放在小树杈上，然后用一个金属罩盖起来。过了几个小时，我将小树杈取出来，放到一张椅子上，仍然将雌蛾放在金属罩里，并将金属罩放在房间里非常显眼的位置。

　　求婚先生们很快就来了，它们飞上飞下，打着转，但谁都没碰那个显眼的金属罩，而是围绕着那根小树杈飞舞、探索。我看到它们迟疑地在树杈的上下左右搜寻，翻动树叶，翘起树皮，甚至将这根小树杈碰掉在地，一些雄蛾赶紧飞到地上搜寻，树枝被它们摆动得动了起来。这样搜寻了很久，太阳下山了，"春药"的气味变淡了，这群盲目的求婚者才依依不舍地离开了。

　　接下来我又做了很多类似的实验，先将雌蛾放在塑料制品、木制品、大理石制品、玻璃制品、金属制品、纸张、棉絮等等各种各样的物体上，然后再将它移开，结果那些求婚先生们无一例外地扑向了雌蛾首先待过的地方，对停留在旁边的雌蛾则无动于衷。

　　需要交代的是，我所采取的各

种材料，作用时间最长的是棉絮、沙土，然后是长孔的物体，"春药"药力最容易失效的是金属制品、大理石制品和玻璃制品。

我的猜测得到了印证，事实的真相是——雌蛾为了吸引方圆百里的绅士前来求婚，会释放出一种有特别气味的物质。这种气味我们闻不出来，雄蛾却能发现。因为我曾在纸张上做过实验，上面什么也没有，也闻不出什么味道，雄蛾却心急火燎地围着它。所以只要是雌蛾待过的地方，上面就会沾染这种气味，大批大批的雄蛾就会被其吸引并围着它旋转。

我再顺便谈谈触角的问题。小阔纹蛾与大孔雀蛾一样，长着一对美丽的触角。我将雄蛾的触角切断以后，它们也没有返回，也是因为生命衰竭了。所以触角并不是指引它们找到雌蛾的原因。

另外，我还曾经养过6只雌苜蓿蛾，它们也长着漂亮的触角。荒石园中就有大量的雄苜蓿蛾，但它们却从来没有成群成群地来参加晚会。这是因为雌苜蓿蛾不会散发"春药"吸引它们，并非因为它们没长触角。

小·贴士：灵敏的感官

你知道吗？动物的感观是非常灵敏的。松毛虫可以预测到未来是否有恶劣天气从而决定晚上是否出行；鹰飞在高高的云端上，却能看见藏在地上的田鼠；蝙蝠虽然眼瞎，却能畅通无阻地走出迷宫；信鸽远离家乡数千米，却能万无一失地找到回家的路，等等。它们有的感觉灵敏，有的视觉超好，有的听力很棒，有的记忆力超群，总之都有令我们艳羡的感官。

嗅觉也是最常见的感官能力，在这方面狗就比我们人类优秀。

嗅觉同样灵敏的还有昆虫。我从地里挖出来的块菰，有的已经腐烂坏掉了，上面布满了害虫。其中一种害虫是丝翅蝇，它平常在墙角或篱笆上活动，那么它是怎样知道20厘米的地下埋着一块可口的块菰呢？它的足是那么柔弱，让它根本无法钻透地面下去寻找。然而它在泥土里的产卵地点，总是在块菰的上面。指引它找到块菰的，也只能是嗅觉，很明显，它的鼻子比狗

的还厉害。

　　还有盔球角粪金龟，它喜欢吃蘑菇。当它在土中挖井的时候，我突然逮住它，总会发现它的足正抓着一个类似块菰的地下蘑菇。也就是说，它的窝总是建在地下蘑菇的上面。为了饲养它，我到野外到处寻找蘑菇，但费了很大气力却空手而归。如果我像跟着狗一样跟着盔球角粪金龟的足迹寻找，结果总是获得大丰收。那么它是怎样在黑暗的泥土中找到蘑菇呢？也是靠嗅觉。这种蘑菇有什么特别的气味吗？用我们人类的鼻子闻，它是没有任何气味的，但盔球角粪金龟、狗、猪，却能隔着一层20厘米厚的泥土闻到它的存在。

　　还有葬尸甲、负葬甲等昆虫，本来有时我在荒石园中很

难找到它们。可只要我在某个角落放一只死老鼠，成千上万的虫子便会蜂拥而来，它们将会在老鼠工地上举行盛大的宴会。除非夜晚降临，否则它们不会离开。

　　如果说葬尸甲们的食物气味太过浓烈，大家都能闻见，所以它们从四面八方赶来了。那么雌大孔雀蛾和雌小阔纹蛾呢？它们发出的气味我们一点也闻不到，方圆千米内的雄蛾却感觉到了，所以我不敢笼统地说这是一

种气味。

气味的产生，离不开分子的扩散作用。有气味的物质会将气味传递到空气中并在空气中扩散开来，葬尸甲们就是闻着这样的气味找到了死老鼠的。但雌大孔雀蛾和雌小阔纹蛾却没有散发这样的气味，因为我在实验室里放了樟脑丸。如果它们的"春药"能散发气味的话，肯定会被樟脑的气味所掩盖。但雄蛾们却避开了气味浓烈的樟脑丸，闻到了自己所渴望的"气味"。

因此我想象，气味的传播方式应该有两种，一种是我们所熟悉的分子扩散运动，另一种属于微观的，目前还不为我们所知，这就是大孔雀蛾和雌小阔纹蛾的方法。这就好比光线的传播，一种是我们众所周知的，眼睛能看见，另一种是微观的，就像X光，它能穿过不透明的物体，将肉眼看不到东西给拍出来。我渴望气味方面的X光机快些发明出来，将我们鼻子闻不到的东西呈现出来。

臭屁虫椿象

长盖的卵

在各种各样的生命形式中，最简单、最漂亮的东西，当属圆形或椭圆形的鸟蛋，此外再无什么更漂亮的生命形式，连人类的胚胎也有所不及。一般昆虫的卵虽然可以试着与鸟蛋相媲美，但由于太小的缘故，虽然漂亮有余，却优雅不足，有的卵甚至像一粒平淡无奇的种子，更谈不上漂亮。但也并非所有昆虫的卵都不美观，椿象的卵就是一个例外。

我曾在一个树杈上看到一个拥有30多枚卵的卵群，它们像排列整齐的珍珠。从孵化的幼虫身上，我认出它们的主人正是椿象。用放大镜看单个的卵，它们简直就像一个弧度完美的高脚杯。最令人称奇的地方是，卵的上部有一个封口的盖子，盖子缓缓凸起，盖子的边缘是一条白玉一般的带子。卵孵化的时候，就缓缓旋转开这个盖子，时而让盖子落下，时而让盖子缓缓打开，非常神奇。"高脚杯"边缘有一些细小的齿，有点像竖立的纤毛。它的作用应该是确保盖子的牢固和密封，很像我们用来密封盖子的铆钉。

在卵壳内，我发现了一个很有意思的细节：在靠近边缘的地方，总有一条炭黑色的线。这条线呈丁字形，丁字的双臂弯曲。这些奇怪的线是做什么的？是

门的插销吗？还是调皮的幼虫在里面刻下诸如"某某某到此一游"之类的记号？总之椿象的卵实在是太奇怪了。

幼虫孵化之后，并不急着离开卵壳这个襁褓，而是大家聚集成堆，享受一会儿日光浴，呼吸一下新鲜空气。等它们变得强壮起来之后，才四散开来寻找树皮，并将自己的吸盘插进去。这是大自然赋予它们的权利，我暂且不管了，还是先回到让我产生疑惑的地方吧。

疑惑实在是太多了，椿象的卵为什么与众不同？幼虫是怎样从这个奇怪的"高脚杯"里出来的？总之只要与卵有关的现象，都是我好奇的地方。要想弄清楚这些问题，野外观察实在是太不方便了，我只有亲自饲养它们。有一点一定要介绍，椿象有个外号叫"臭屁虫"，总是散发着令人恶心的臭味。为了观察卵的孵化，我必须忍受它们涂抹劣质香水的癖好。

除了恶心的臭味，椿象的饲养总体来说很顺利。五月上旬，我就得到了一些椿象卵，它们同我在野外见到的一样，美得令人窒息。我也见到了高脚杯边缘的铆钉，它们在卵孵化时托起盖子。幼虫孵化之后，我依然见到了内壁那条黑色的线，现在我还不知道这条线有什么作用。卵孵化之后，卵壳并不到处乱丢，仍然像刚产下来时一样整整齐齐地排列着，好像集市商贩摆在货摊上的小杯子。

　　为了发现一些共性问题，我搜集了好几种椿象的卵。黑角椿象的卵为圆柱形，幼虫出生之后卵壳变为漂亮的乳白色，盖子像玻璃般晶莹。淡绿椿象的卵为筒状，下端为球形，表面有很多小网眼，卵壳为烟褐色。浆果椿象的卵也为筒状，孵化后颜色为白色或嫩红色。华丽椿象的卵最漂亮。

三角屋顶

　　从五月上旬椿象第一天产卵起，之后的三个星期，我必须一丝不苟地关注着卵的变化，它们就要孵化了，就要向我揭示谜底了。

　　卵盖的颜色逐渐开始变化了，我知道它们就要出来了。这时候我才发现，卵壳上原本并没有那个丁字形，它是后来随着卵的发育才逐渐出现的。所以它并不是插销一样的锁门工具，如果是的话，母亲会在产卵时就为孩子们准备一套锁，而不是等孩子长大一点之后再安装。因此研究的重点，不再是盖子是怎样关闭的，而是盖子是怎样打开的。

　　我时时刻刻拿着一个放大镜观察盖口，时刻查看卵的孵化情况及丁字形部件的作用。

　　我看到，盖子的一端在不知不觉间升起来了，另一端则像铰链一样使盖子旋转。孵化的幼虫背靠着高脚杯，正好躲在盖子下面。它缩在那里一动不动，头上顶着一个很薄的小帽子。这顶帽子像一个三角屋顶，两根屋脊在幼虫的两只眼睛间延伸，为鲜红色；第三根屋脊下降到幼虫的背上，是一条纤细的暗色线。这三根屋脊上有一些绷得很紧的线和韧带，它们将屋脊拉得紧紧的，在顶端形成一个尖顶，非常坚硬。毫无疑问，尖顶就是幼虫的出门钥匙了，它

能像金刚钻一样钻透卵壳，然后将幼虫解放出来。三条棱组成的屋脊，则可以保护幼虫的头部在钻探的过程中不被擦伤。

当然，若想捅破卵壳，还需要动力，否则钻头无法发挥作用，施力点就是幼虫的额头。额头只是一个点，我看到幼虫非常激动，脉搏跳动加快，血液剧烈流动。这个大力士正把自己全身的液体都往额头上转移呢，这里将会产生伟大的动力。我仿佛听见它"嗨——哟——嗨——哟"地用力吆喝。加油！三角屋顶一点一点地上升。

这样推了一个小时之后，封盖不知不觉被它推起来了。原本稳稳地封闭在高脚杯上的盖子，现在已经斜着翘起了一个边，另一端虽然没有翘起来，但我想象它正像门的铰链一样旋转。高脚杯边缘纤毛做成的铆钉，则承担着支撑盖子的作用。

渐渐地，幼虫的身体从卵壳里露出来了，已经能看到足和触角了，只是为了方便，它们都蜷缩在腹部。它像榛子象幼虫的解放方式一样，头先弹出来，然后后面的身体通过伸缩、挤压，慢慢爬出来。

最后，铆钉松了，盖子半开着，三角屋顶这个帽子已经用不着了，幼虫将它丢到一旁，撕裂成了一件皱巴巴的旧衣服，套在了腹部上。幼虫这会儿只顾着解放自己，才不管这件旧衣服会怎样呢。最后它奋力挣扎，足和触角都出来了，它终于彻底解放了。

幼虫离开后，我拿着一把放大镜好奇地观察，不得不承认，三角屋顶的位置设计得很巧妙。一般来说，人们可能想到屋顶应该在盖子的正中央，这样可以有效保护卵。但是这样做也有两大缺点：一是幼虫的力量非常小，在盖子正中间会将它的力量平均分散，这样就难以顶开盖子；二是封口边缘有一圈纤毛做成的铆钉，屋顶在正中间会受到所有铆钉的阻力。所以聪明的幼虫将出口选择在封口边缘靠下的地方，一方面便于力量集中，另一方面又可以减轻铆钉的阻力，盖子就这样一点一点被幼虫给顶开了。也许这又称得上昆虫界"最省力原则"的一次绝妙应用吧！

更妙的是，幼虫出壳之后，卵壳并没有破裂，仍然保持着高脚杯的漂亮与优雅，不像其他虫子一样一出生就弄得卵壳破败不堪。让我们再次为椿象的美学鼓掌！

这是一个美好家庭吗

对椿象的才能表示赞美的并非我一人，还有瑞典博物学家格埃尔，如果他下面的这段话得到证实的话，那么椿象就是一种真正了不起的虫子！格埃尔是这样说的：

七月初，我在桦树的柔荑花序上和树叶上找到好几个椿象家庭，每个家庭都是妈妈带着孩子，每个妈妈都被30多只若虫围着。不过一个家庭并不是总停留在一个地方，母亲决定迁徙了，若虫们就会紧紧跟着它，母亲在哪里停下，它们也在哪里停下。这个母亲就像母鸡带着小鸡一样，带着若虫从一个柔荑花序到另一个柔荑花序上，从一片树叶上到另一片树叶上。

有的母亲则更敬业，对孩子从不离身。若虫很小的时候，它甚至对它严加保护，不让它们受到一点伤害。有一次我砍下一枝嫩枝，上面住着一个椿象家庭。椿象母亲发现之后非常不安，它像一只母鸡一样急速地拍打着翅膀，但没有逃跑，反而待在原处，好像以为这样就能把我吓走。但是如果孩子不在身边的话，它肯定选择逃跑。这充分说明，母亲留在原地就是为了保护孩子的安全。

摩德埃尔先生观察到，为了确保若虫的安全，母亲有时候不得不小心提防着雄椿象。如果雄椿象试图将若虫吃掉的话，那么母亲一定会拼命保护自己的孩子。

格埃尔的这个发现被很多同行接受了，学者布瓦塔尔德就接受了他的说法，并将这个说法美化之后写进了《博物学奇观》中，下面一段文字摘自《博物学奇观》：

令人称奇的是，雨才刚刚下了几滴，椿象母亲就急急忙忙将若虫藏到一片树叶或一根树枝下面，惟恐孩子们被雨淋了。即使孩子们已经躲藏起来了，母亲仍然很不安，它又让孩子们紧紧靠着自己，然后用自己的大翅膀将它们盖起来。可它毕竟不是母鸡，这个姿势让它很不舒服，但为了孩子，它必须保持着这个姿势，直到雨停。

　　我是一个怀疑论者，幼虫真的紧跟着母亲散步吗？雄椿象真的会吃掉自己的孩子吗？母亲真的像一只母鸡那样精心呵护孩子吗？据我对昆虫的了解，这些事似乎不太可能。

　　我在荒石园的迷迭香上找到了4只椿象，我看到它产卵完毕之后，就像所有的昆虫妈妈一样永远离开了。格埃尔所说的那种母亲带孩子的现象根本就没有出现。况且，椿象喜欢流浪，产完卵之后就飞走了，而卵是三周之后才孵化，母亲怎么可能刚好流浪回老家？又怎么可能会认识已经孵化的孩子呢？

　　另外，椿象的卵总是分为几部分随意地摆放，它的家庭因此被割裂成几部分，这些卵受日照强度的影响，孵化快慢也不一样，母亲是不可能将整个大家庭重聚起来的。

　　至于雄椿象吞食自己的孩子，这种不负责任的说法更可恶，虎毒尚且不食子呢！我在金属网罩中饲养的椿象幼虫孵化出来之后，它们的爸爸妈妈都在跟前，但椿象爸爸并没有跑过去将自己的孩子吃掉，母亲也没有跑过去保护它们。这些父母就像不认识自己的孩子一样，在金属网罩里走来走去，可能还会不小心撞翻自己的孩子，但母亲并没有前去将它扶起来，也没有将它掩护到自己的翅膀下面。这绝不是偶然现象，我对椿象家庭观察了三个月，也没有发现格埃尔所说的情况。

关爱卵和幼虫的是大自然，而非椿象母亲。这个不称职的母亲，产卵完毕之后，就永远离开了。幼虫们像一个个孤儿一样独自体会生活的艰辛，学会生存斗争。它们孵化之后，先蹲在卵壳上休息几天，长得更壮实之后，才离开卵壳，迈着自己尚且脆弱的双腿去寻找食物。带领幼虫队伍的，不是母亲，而是一个兄长，兄弟姐妹们推推搡搡地一起上路了，找到一个嫩叶就插进自己的吸盘，美美地吸食汁液，吃饱了就回到卵壳上休息。等幼虫再强壮一些，它们就四散开来，各自寻找自己的美食，不再返回卵壳。

墙壁上的猎蝽

　　我原本以为椿象的故事到这里已经接近尾声了，可我在屠宰场意外碰到了臭虫猎蝽，这让我发现了一些椿象（臭虫猎蝽是椿象的一种）的新故事。

　　椿象是不会对肉铺感兴趣的，所以我请求屠夫将我带到堆放杂物的地方。堆放杂物的地方是一个小房间，房间的天窗每天都敞开着，光线从这里透过来，将整个房间照得朦朦胧胧。毕竟这是一个堆放杂物的地方，尽管开着窗，但依旧臭不可闻，令人反胃。

　　墙壁上挂着一张绵羊皮，上面还带着血腥。一个角落里堆放着动物的脂肪，另一个角落里则放着动物的骨头、角、蹄——我对这些令人恶心的东西非常满意，我就是在这里发现猎蝽的。

　　我轻轻掀起一块羊脂，下面的皮蠹和蛹乱爬乱晃，衣蛾则围着一堆羊毛飞舞，苍蝇绕着羊骨髓转圈，总之恶心至极。不过我早就料到会看到这幅场景，因为它们都喜欢腐臭的尸体，我只是没想到会在这样肮脏的环境里看到猎蝽——它们聚集成群，一动不动地趴在四周的墙壁上，很像一只只黑苍蝇。

墙壁上的猎蝽差不多有100多只，我像遇到宝贝一样将它们搜集到我随身携带的小盒子里。屠夫就在旁边，他看到我的行为，惊讶不已——这可是令人讨厌的臭虫啊！

　　屠夫向我解释道："这些臭虫不知道为什么飞到我这屋子里，反正它们来了之后就贴在墙壁上不动了。我觉得它们弄脏了我的墙壁，就用扫帚将它们赶跑，可是第二天它们又飞来趴在那里了，我对它们一点办法也没有。好在它们并不在我这里搞破坏，不碰牲口皮，也不碰油脂——那它们每天飞来干什么呢？我也搞不懂！"

　　我对他说："现在我也不清楚呀！不过我一定会弄清楚原因的。如果它们对你的肉铺有什么好处的话，我会告诉你的。"

然后我就离开了这个令人作呕的房间，捂着我的小盒子，满载而归。

后来的研究告诉我，猎蝽是一个名副其实的猎人，喜欢捕猎蝗虫、螳螂、螽斯、叶甲等，但这些猎物喜欢在阳光灿烂的野外觅食，"猎人"也应该出现在野外啊，为什么会出现在屠夫家里呢？

既然猎蝽喜欢吃其他昆虫的肉，那么我就将屠夫房间的昆虫拿来，看看它喜不喜欢吃。我在荒石园中放了一些死老鼠和死癞蛤蟆，不久就吸引了大批的皮蠹，我捉了好多皮蠹，把它们放到关押猎蝽的地

方。果然发现猎蝽很快开始捕猎，专门在羊皮、牛皮、猪皮身上搞破坏的皮蠹，遭到了疯狂的捕杀，它们的血液被猎蝽吸得干干净净。

想到为我提供猎蝽资源的屠夫，我真想第一时间告诉他说："请你别再用扫帚赶墙壁上那些虫子了！它们可是你的好朋友呢！它们会将那些残害动物皮毛的皮蠹给吃掉呢！"

野外并不缺少蝗虫、螳螂等猎蝽最喜爱的猎物，我猜猎蝽之所以被吸引到室内，是因为它们的产卵季节到了。夏天将临，我果然在实验室中看到猎蝽开始产卵。

昆虫界的吸血鬼

猎蝽其貌不扬，穿着树脂一样的褐色衣服，身体扁得像一只臭虫，几只长足看起来很笨重。它的头非常小，上面刚好能放下它两只眼睛，小脑袋像手柄一样装在细线一样的脖子上。总之它的模样丑陋之极，几乎无法激起我的研究兴趣。

吸引我的是猎蝽的口器，它紧挨着眼睛，把除了眼睛之外的脸部弄得全是稀糊状东西。这样的口器能干什么呢？我只见过它在捕食的时候，从这个地方露出一根细丝——这会是螫针，还是手术刀？猜测是没用的，还是通过实战观察吧。

我曾无意间见到椿象同花金龟搏斗，于是我就找来一只花金龟，将它与一只猎蝽一起关在铺了沙土的玻璃瓶中。遗憾的是，我还没弄清楚怎么回

事，第二天就看到花金龟已经死了，猎蝽正将自己的喙插在花金龟身体的关节上吸。

夏季花金龟比较少，于是我尝试着为猎蝽提供身材相当的猎物，如蝗虫、螳螂等。总之为它寻找猎物并不难，难的是我没法看到捕猎的过程，因为捕猎总是发生在夜间。尽管第二天我很早就起来观察，但总是只能看到猎物的尸体，猎蝽则正用自己的喙吸食猎物的体液。这个吸食过程要用一个上午的时间，它一直待在猎物旁边，最多换一换吸食的部位，直到将猎物身上的体液吸得一滴不剩，才躺在玻璃瓶底休息。

如果我为猎蝽提供皮肤较软的昆虫，如蝗虫，早上有时候我会看到蝗虫的腹部还在跳动，可见它并没有突然死去。有时我为猎蝽提供一只身体比它大五六倍的螽斯，可螽斯高大的身材和强壮的大颚并未发挥作用，第二天一早我依旧看到猎蝽正伸着自己的喙吸食螽斯。

猎蝽究竟用什么方式制服了猎物呢？从它全身的武装上来看，我看不出它有多厉害的杀人工具，它也没有节腹泥蜂等膜翅目昆虫那样的麻醉针。因此我猜测，它的口器应该像蚊子的一样，有毒，不管它扎向猎物的哪个部位，猎物都会中毒死去。据说人被猎蝽蜇一下，会很痛，于是我就将猎蝽放到我的指头上，用麦秸秆挑逗它，但它就像一个受委屈的小媳妇一样，什么动作也没有，

我也没被蜇。我只能根据别人的说法，认为猎蝽的口器上有毒。

尽管猎蝽没有蜇我，但我依然认为被它蜇一下会有很大麻烦，否则个头那么大的螽斯不可能这么容易就被制服。事实可能是这样的：在夜深人静动物也失去警戒心的时候，猎蝽突然伸出口器，胡乱在猎物的什么地方蜇了一下，然后躲开，等猎物身上的毒性发挥作用了，猎物不能动弹了，再返回享用美食。蜘蛛捕猎的时候，就是这样先离开猎物一会儿，等猎物无力挣扎了再走回到它身边。

每天早上我的必修课是欣赏猎蝽开发它捕到的猎物。猎蝽总是从那平淡无奇的口器中伸出一根黑色的细丝，这细丝应该就是它的"手术刀"，可以插进猎物身上任何部位。只要它相中了哪个地方，一刀子插进去，猎物就不再晃动了，猎蝽也不动了——它正在专心致志地吸食。它好像非常珍惜自己的捕猎成果，我曾经见它在一只蝗虫身上20多个地方都插了细丝，确保蝗虫身上每处汁液都被吸食得干干净净。结果呢？一只原本体色鲜亮的蝗虫，被它吸干汁液之后，浑身变得透明或半透明，只剩下一层皮，好像刚刚进行了一次蜕变一样。

这让我想起臭虫。它们总喜欢爬到我们床上，趁我们睡得正香的时候，选择一个血液新鲜的地方吸食，吸一会儿再换换地方，重新寻找一处血液好的地方下口。一直这样吸到黎明来临，这时候它的身体已经鼓得像颗种子

了。猎蝽也是一个这么贪婪的家伙，只是它更恶毒，它会首先将猎物杀死，然后再将汁液吸得一滴不剩。这么惨无人道，也许只有小说中的吸血蝙蝠才能与之相提并论。

爆炸的卵

　　昆虫界恐怕再没有谁的孵化方式比椿象更奇特了，这点我在前文中已经交代过，然而看到猎蝽的卵之后，我才知道实际上还有更奇特的孵化方式。

　　六月底，猎蝽产下了第一批卵。在此后的半个月内，我放大镜不离手，一有空就密切监视卵的孵化情况。不久，卵壳上出现一条锚状黑线，这说明卵快要孵化了。到了七月中旬，激动人心的时刻终于来了，我就要看到那神奇的一幕了——这一幕是那么吸引人，我猜即使家中失火我也不会去救的，我一定要看清楚卵的孵化。

　　与椿象所不同的是，猎蝽卵的盖子边缘没有纤毛组成的铆钉，只有一层黏胶进行固定。幼虫孵化的时候，卵盖的一端微微抬起，另一端则缓慢转动。我从打开的缝隙里看，隐隐约约发现里面有一个发光的小东西（猎蝽的

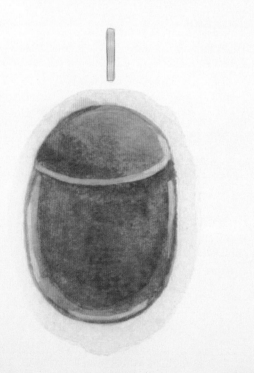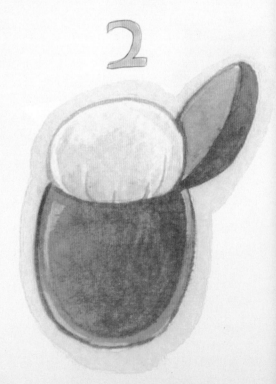

卵总是在夜间孵化），它像椿象幼虫一样用力往上顶封盖。

这个发光的小东西是一个球形囊泡，囊泡一点点在扩大，好像一个正被缓缓吹起的肥皂泡。封盖被这个球形囊泡一点一点往上顶，最终掉在地上。然后——请屏住呼吸，闭上眼睛想象一下爆破的场景——没错，球形囊泡确实爆炸了，它不是在一点点扩大吗？大到极限，就发生了爆炸。如果爆炸的威力太大，这个破裂的囊泡就会脱离卵壳，掉在一边，形状好像一个优雅的杯子，只是杯口边缘有些残破。杯子的下端，则有一根细细的、精巧的手柄，像长了一根尾巴似的。

这个囊泡是纤维质的薄膜，如果爆炸不太强的话，它就留在封盖边缘，并在边缘形成一层高高的护栏。幼虫出来的时候，只需推倒这层护栏，或者干脆将它弄破，就解放了。如果爆炸很强的话，那就更简单了，直接钻出来就可以了。

如果说椿象幼虫发明了三角屋顶，将自己慢慢解放了，那么猎蝽幼虫就

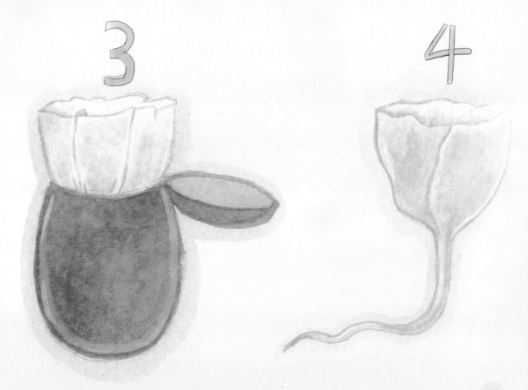

是一个用炸弹炸开卵壳的发明者，它聪明地用炸药炸开了屋顶，不用一点点顶着三角屋顶慢慢爬出来。

当你看到这里，你脑海里在想什么？有什么疑问吗？我是有的。猎蝽幼虫这个囊泡是怎么回事？为什么又会一点点长大？是谁像吹泡泡一样往里面吹气吗？

我思考了很久，只能做一个这样的假设：幼虫的身上紧紧裹着一层薄膜，上面连着一个像帽子一样的囊泡，连接物就是后来看到的手柄。幼虫身体在一点点长大，薄膜外衣有弹性，随着身体的膨胀而膨胀。幼虫在呼吸的时候，不断将二氧化碳排到薄膜中，上面的囊泡因此被吹起来，随着幼虫的不断成长，囊泡里的气体越来越多，囊泡就越来越大，最后封盖在囊泡的压力下一点点打开。当囊泡膨胀到一定程度，就会发生爆破。

椿象和猎蝽的卵孵化方式这么奇特，这是我之前没想到的。自然界有太多奇怪的事了，我相信像椿象、猎蝽幼虫这样采取奇特的方式来到世上，并不是偶然现象，一定还有其他昆虫也采取类似的孵化方式。

小贴士：不要完全相信书本知识

格埃尔曾发表文章说，椿象的家庭非常和谐，妈妈非常慈祥地保护孩子。我已经有大量的证据证明这个说法是错误的，现在又多了一个证人，它就是猎蝽的母亲。猎蝽母亲会告诉人们，产卵日子来临，它就随随便便将卵产在沙土上，然后离开，任凭卵被风吹得滚来滚去。为什么母亲不去照顾自己的孩子呢？因为本能告诉它，产卵的阶段已经结束，已经没它什么事了。

我还在林奈的书中看到另一个说法，猎蝽的幼虫以臭虫为食。如果这个说法也正确的话，那么猎蝽将成为一个不折不扣的大英雄，那些饱受臭虫折磨的人可借此舒一口气了。

事实真是这样吗？

先从理论上分析一下，我觉得臭虫不可能是猎蝽幼虫的猎物。因为猎蝽幼虫个子太小，力量虚弱，又没有什么特别的武器，不太容易战胜臭虫。长期以来的饲养经验告诉我，猎蝽幼虫喜欢吃的食物是蝗虫、动物油脂，连小飞虫都不吃，我更是从来没见过它吃臭虫。何况，臭虫的窝既狭窄又肮脏，幼虫不可能迈着纤细的小腿，千里迢迢地跑到臭虫家里捕食。有人可能会说：它可以到床上捕食呀！我只听说过人们在床上找到臭虫，却没听说过在

自己的床上发现猎蝽幼虫。

　　遗憾的是，尽管猎蝽捕食臭虫这个说法未得到证实，但仍有很多人接受了这个观点。就像鹦鹉学舌一样，直接将林奈的说法给引用了，于是很多书中都记载了"猎蝽喜欢吃臭虫"这件并不存在的事。

　　我要强调的是，猎蝽小时候喜欢吃动物的油脂。它们总是对我送的动物脂肪表示热烈的欢迎，马上将吸盘插到里面，大口大口地吸食脂肪粒的油脂，吃饱后再退走，躺在沙土地上慢慢消化。等它们长大了一些之后，饮食开始多样化，各种昆虫的汁液就成了它的最爱。屠夫堆放杂物的房间，能为

它提供苍蝇、皮蠹，野外则会为它提供蝗虫、螳螂、螽斯、小蜘蛛等猎物。

所以，"猎蝽喜欢吃臭虫"这个说法，应该走出神圣的书本，不该继续扰乱人们的视听——尽管如此，猎蝽的声誉一点不会受到损害，"爆炸制造者"这个称号会比"臭虫捕食者"更能体现它的本领。

最后，再顺便提一下我对进化论者的意见。猎蝽身穿与周围环境颜色相近的衣服，并不是什么保护色，也不是为了隐蔽自己。因为幼虫蜕皮后，身体上会渗出胶一样的黏性液体，很容易沾染灰尘，它身上乱七八糟的泥团，可能就是沾染了垃圾的缘故，并非故意配合环境来应付生存斗争。

趣话蛛网

纺织娘的丝网

你见过捕鸟人捕鸟时的情景吗？我只能告诉你，不管鸟儿多么狡猾，最终都逃不过捕鸟人精心设计的捕鸟网。而本章的主人公蜘蛛，它的网甚至比捕鸟人的网设计得更巧妙。

一只圆网蛛正在迷迭香上织网，只见它在篱笆上直径10厘米的范围

吐着一根丝，从一端跑到另一端，一再地跑来跑去，将各处的丝点加固，造出一个看似杂乱无章的框架。最后它抽出一根很特别的丝横穿过这个框架，与框架的各处都保持一段距离。在放大镜下仔细观察，你会发现这根特殊的丝正中央总是有一个大白点，这就是整个蛛网的中心了，也是圆网蛛工作的地方。

该织捕虫网了，圆网蛛从中间的大白点出发，沿着那根特别的丝线，迅速跑到框架上，猛然一跳，又返回正中央。然后它开始上上下下来来回回地跑动，每跑一次就留下一条丝，每次都要跑回中心地点。这样中心点就越来越大，像一个毛线团一样向四面八方辐射丝线，而且每条丝线都是等长的，像一个规则的太阳图案。中心点的线头又被全部黏起来，于是辐射线就被牢牢地固定起来。在做这件事的过程中，圆网蛛非常注意平衡，总是向一个方向跑了几次之后，就向反方向跑几次，并且将两端的丝线拉直绷紧。这些似乎说明它懂得力学，知道通过两个相反的方向来维持平衡。

总之，你若看到它的蛛网，肯定会为这个完美的网叫绝。它规则、匀称，丝线与丝线之间的角度几乎相同，形成的扇形面积也几乎相等。一只

小虫子，在被风吹得摇摇晃晃的丝线上来回奔跑，不用尺子，不用量角器，就能把一个圆平分成如此规则的扇形面，这太了不起了！

织好捕虫网，圆网蛛回到中心点，神气地坐在中心的毛线团上，休息一会儿。然后又从中心点扯出一根非常细的丝，绕着中心点一圈一圈地螺旋织起来。这根丝用完后，它又用了一根较粗的丝螺旋绕了几圈。如此一圈圈绕，直到螺旋圈延伸到框架边缘。需要说明的是，这些螺旋圈并不是曲线，而是由辐射线之间的直线组成的一个多边形，它起着横梁的作用，可以加固蛛网。在编织横梁的过程中，圆网蛛会拿着一些丝将框架中不规则的地方给修补好，不留一点大空隙，这样就能防止猎物逃跑。

到现在为止，丝网仍然没有织好，它又抓住辐射丝和螺旋丝，在中心点和边缘来回走动，每走一次，圆圈就多一些，也更密实一些，最后它离开了框架。再后面的事我就看不过来了，因为它跑动得非常快，令我目不暇接，我观察了好久，才发现它的八只脚一直忙着连接和固定丝点，纵横交错的丝被它"焊接"起来了，而原本作为支撑物的横梁，现在也被它拆掉了，拢成一个个小丝球，放在各个连接点上，乍一看像蛛网上粘了一个灰尘微粒呢！

圆网蛛就这样一点点焊接，到了中心点附近，突然停止，转而扑向中央的毛线团，将它拉出来卷成小球，吃掉了。它重新坐在蜘蛛网的中心，头朝下待着捕猎，纺织工作已经结束了。

黏性螺旋丝

早上，我拿着放大镜出来观察圆网蛛的蛛网，它们在阳光下闪闪发光，美丽极了。风将丝网吹得颤动不已，我将一块玻璃片放在网下，将网抬起来，取出几根丝固定在玻璃上。观察的结果令我大吃一惊。

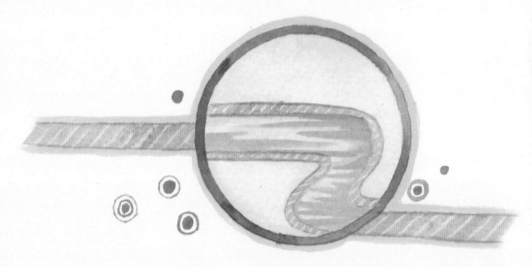

这些丝是空心的，而且是非常细的管子，里面灌满了黏液，黏液从丝的一端流出来，为半透明的液体。我将它们放到显微镜的载物台上，用玻璃压住。这才发现，黏液不断从丝里面渗出来，所以整个蛛网都具有黏性，而且非常黏。我用一根麦秸秆轻轻地碰了碰丝的一端，麦秸立刻就被粘住了，我抬高麦秸，丝就被拉了起来，竟然是原来的两倍长——它是有弹性的。后来我使劲拉，丝就脱落下来，但没有断，只是又缩回去变回原样了。整个丝管呈螺旋状，拉开时螺旋就松开，缩短时就又卷缩起来，黏液就全部渗到螺旋表面，因此粘合力很强。

我该怎么形容这些有黏性的螺旋丝呢？它有弹性，因此猎物挣扎的时候，丝不至于被挣断。丝管里有大量不断渗出的黏性物质，当丝的表面长期接触空气，失去黏性的时候，丝管可以通过不断地伸缩和渗出液体来保持黏性，所以总能确保猎物被牢牢地粘住，就连蒲公英的毛轻轻擦过都会被它粘住。这样的捕猎工具实在是太巧妙了，让捕鸟人的网望尘莫及。

更神奇的是，圆网蛛经常待在蛛网的中心，为什么它自己不会被丝粘住呢？我用麦秸秆碰了碰中间的蛛网，这里却没有黏性。我将这里的丝放在显微镜下观察，发现这里的丝不是螺旋状，也不渗透黏性液体，而只是一根普通的直线。可是猎物被粘住之后，圆网蛛总要跑出中心地区将猎物捆起来，

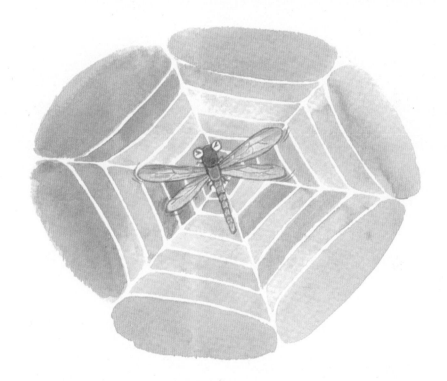

脚依然会碰到黏性的丝呀，为什么依然没被粘住呢？

这让我想起自己小时候的一段经历，有一段时间我们总在细竹竿上抹上粘胶，去田里捕捉金丝雀。为了防止自己的手指被粘胶粘上，临行之前，我们都要在手指上涂抹几滴油，因为粘胶是不粘油的。

圆网蛛懂得黏液是不粘油的吗？我在麦秸秆上涂了一点油，然后使它接

触蛛网，麦秸秆果然没被粘住。我剪断一只圆网蛛的脚，将它放到有黏性的丝上，也没被粘住。这是不是说明圆网蛛的脚上有油性物质呢？

我又将圆网蛛的脚放在专门溶解油性物质的硫化钠溶液中浸泡了十几分钟。如果它的脚上有油的话，肯定会全部溶解在硫化钠溶液中。然后，我取出这只脚，用清水洗干净，将它放到黏性丝上。这次，这只脚就像没有涂油的麦秸秆一样，被丝牢牢粘住了。因此，我推断圆网蛛可以分泌某种油性物质。

我又用玻璃片取了一些黏性丝，然后将玻璃片放在水面上，用一个罩子盖起来。现在黏性丝就待在一个充满湿气的环境中，一会儿，丝就膨胀伸展，成为流体，螺旋状被一种半透明的圆珠所代替。一天之后我来查看，丝里面已经没有黏液，丝已经变成一条条细不可见的线。我在玻璃片上滴一滴水，就得到了黏性物质的分解物。这个实验说明，圆网蛛的黏胶会在饱和的情况下大量吸水，然后通过丝管渗出来。这就可以解释圆网蛛为什么不在多雾的天气织网，因为黏性丝网会受潮而失去黏性。相反，中午阳光充足的时候，捕猎非常容易，因为水分不足，黏性很强。

我还猜到，圆网蛛不宜在黏性丝上久待，否则也会被粘住，影响捕猎行动。所以它为自己准备了一块普通丝区域，平常就待在那里，猎物也是被拖到这个地方吃掉。

哪个解剖专家能告诉我，圆网蛛是怎样生产丝的呢？丝质物品怎么可以被制成中空而里面充满黏液的管子呢？蛛网还有什么更令人吃惊的地方吗？

蜘蛛的通讯工具

我观察过的六种蜘蛛，除了彩带蛛和圆网蛛总是待在网上等待猎物，其他蜘蛛只在夜间才出来活动，平常待在蛛网附近的灌木丛中。这里会有一个蛛网与叶片建造的简单建筑，它们平时就埋伏在这里。一旦有哪个冒失鬼撞到它们的蛛网上，它们就马上从潜伏的洞中跑出来，用丝将猎物捆起来，然后拖到洞中美美地吃掉。

问题是，灌木丛离蛛网往往有两三米长的距离，它们在这里怎么会知道蛛网中有猎物呢？

我将一只死蝗虫轻轻放到蛛网中心，但是等了好久也不见有猎人出来将猎物带走。我等得不耐烦了，就用一根麦秸秆轻轻拨动一下蛛网，躲在一边的蜘蛛马上就跑了出来，麻利地用丝捆起猎物，然后拖到一边吃掉了。

也许蝗虫的颜色不够鲜艳吧，蜘蛛们躲在叶子底下看不见。于是我用红毛线伪装了一个像蝗虫般大小的团，同样轻轻地摆在蜘蛛门前。又是等了很久，它们什么反应也没有，但只要我稍微动一下蛛网，它们马上就跑出来了。不过它们都很狡猾，像对待猎物一样先咬了咬线团，很快发现这不是食物，便毫不犹豫地丢弃了，没有用丝线来捆。

由此可见，吸引蜘蛛跑出来的不是猎物的颜色，它们根本看不见，而是震动，它们潜伏的时候能感觉出这种震动。

我仔细检查蛛网，发现网的中心有一根丝被拉出了网的平面，延伸到蜘蛛的潜伏地点。换言之，蛛网上有一根丝与任何一根丝都不交叉，直接从蛛网中心点延伸到蜘蛛潜伏处。这根丝很可能就是传递信息的电报线，能及时通知蜘蛛有新猎物到了。

我将一只活蝗虫放到蛛网上，它拼命地挣扎，潜伏在洞里的蜘蛛立刻跑出来将它捆起来吃掉了。过了几天，我同样为它准备了一只蝗虫，只是在此之前我将那根特殊的丝线给剪断了，结果无论蝗虫怎样挣扎，蜘蛛都没有跑出来，一整天都没有出来，因为它的通讯器已经被我破坏掉了——也许会有人认为丝线被我剪断了，它没桥可通过。事实不是这样的，蛛网上任何一条

丝都可以成为它的康庄大道，有的可能路程还更近一些呢！

到了晚上，蜘蛛要出来觅食了，它这才发现丝线已经断了，于是随便踩着一根丝就过来。它一到网上就发现了蝗虫，急忙将它捆了起来，然后重新接起那根被我剪断的丝，拖着蝗虫沿着这条丝回到洞里。

类似的实验我做过很多次，只要我事先剪断这根丝，蜘蛛就发现不了蛛网中的猎物，直到晚上出来觅食的时候，才将自己坏掉的通讯器材修好。而只要第二天这根丝没有断，无论什么时候我往蛛网上放猎物，它总是能第一时间跑出来将猎物捆住，带回家吃掉。而且我还发现，只要丝线被破坏，无论蛛网震动得多么剧烈，蜘蛛哪怕近在咫尺，也不会跑出来。因为丝线没震动，所以蜘蛛一无所知，可见丝线对它的重要作用。

更可贵的是，野外经常会有风，蛛网经常被风吹得直摇晃，那根丝肯定也会产生振动，但我却从来没有发现蜘蛛被这种震动吸引出来——它能区分风的震动和猎物的震动，所以这根丝并不仅仅给蜘蛛传递震动，而且会像电话一样告诉它这端是风还是猎物呢！

神奇的对数螺线

蛛网的神奇，还在于它上面充满了高深的几何学。我先给大家提个醒，要想读懂这篇文章，读者还需要一些几何知识。我写这一章不是为了卖弄我的几何知识多么多么好，而是不忍抹杀蜘蛛的智慧，所以我还是大概介绍一下吧！

你还记得圆网蛛纵横交错的蛛网吗？如果记得，那么你也应该记得蛛网的辐射线。它们的长度几乎相同，每对相邻的辐射线相交成的角都相等，这一点是所有蜘蛛都相同的，不同的只是辐射线的数量。这些角度相等、长度相同的辐射线，是蜘蛛们沿着东西南北方向乱跳着织成的，看似杂乱无章的作业，结果却织成了美丽规则的网。我相信即便是画家也需要圆规、尺子之类的工具才能画出这样完美的图案。

在每一个扇形面中，横梁这个螺旋圈就成了扇形的弦。这些弦都是相互平行的，并且越靠近中心，弦与弦之间的距离就越远。每根弦都与两根辐射线形成四个角，一边是两个钝角，另一边是两个锐角，同一个扇形面中的弦和辐射线所形成钝角和锐角正好各自相等，这是因为弦与弦之间是平行的缘故。由于每个扇形弧度相等，所以每个扇形中的钝角和锐角都跟别的扇形中的锐角和钝角分别相等。

扇形面的几何现象让我想到著名的"对数螺线"。几何学家将从一个中心向外辐射出来的一切直线、辐射线，以一个恒定辐射角斜切——这样所得出来的曲线就是对数螺线。这样的曲线永远向着中心绕，越绕越靠近中心，但又永远不能到达中心。这是一个无法达到的极限，即使最精密的仪器也无法完成，所以目前它只是几何学家想象出来的曲线。没想到蜘蛛却用自己的丝一圈一圈绕出来了，而且越接近中心丝线越细，虽然没达到绝对的精确，但也算高度精确了。

　　自然界有很多天然的对数螺线现象，除了蜘蛛，蜗牛也懂对数螺线，蜗牛壳等距逐步螺旋的壳就是对数螺线；海洋中的"活化石"——鹦鹉螺似乎也会设计对数螺线。这些动物是怎样了解到这样高深的几何学知识呢？有人猜测，一只小虫被太阳晒得很舒服，高兴地揪着自己的尾巴玩起来，发现螺

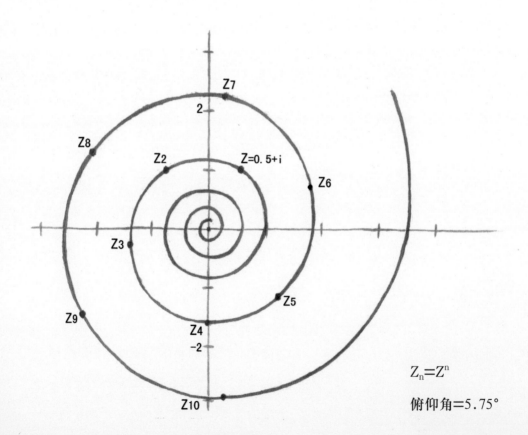

$$Z_n = Z^n$$

俯仰角 $= 5.75°$

旋形很有趣，于是就常常这样做，久而久之它的身体就成了螺旋形的了，于是它就根据身体造成了一个螺旋壳，变成了一只蜗牛。

可是蜘蛛不是小虫子呀！它的身体不可能被揪成螺旋形呀！它是怎么发现对数螺线的呢？蜗牛造一个壳可能需要好几年，蜘蛛织一张网则只需一个小时。是谁指导它做这一切呢？我猜是天生的，就像植物天生就知道将花瓣排列成漂亮的圆形。

人类总是自以为很聪明。随便抛出一个石子，它的路径是一条抛物线，很不规则，不容易测量。于是几何学家就假想着这条抛物线在一根无限长的直线上滚动，其焦点的轨迹构成了一条悬链线。而在悬链线公式中，有一个神秘的常数，即 $1 + 1/1 + 1/（1×2）+ 1/（1×2×3）+ 1/（1×2×3×4）+……$这个无限不循环小数就是数学中常用的e，等于2.7182818……，虽然永远不可能算出它的精确数值，但却无限接近。所以人们自我感觉很好，以为自己从一根无足轻重的抛物线上提炼出这么高深的科学。可是这个公式得来的多么不容易啊，不知几代数学家研究了多久才得出这个结论。难道现实生活中找不出一个更简单

的形式来表达这些关系吗？蜘蛛就会。一个有雾的早晨，蛛网的黏性丝上粘了很多小露珠，蛛网被露珠压弯了，形成一条条悬链线，露珠如宝石般发出美丽的光彩。这条美丽的曲线上就有e的存在，就有深奥的几何学。

总之，很多自然现象中都包含着几何学，蜗牛壳、蜘蛛网、行星的轨道等。它们告诉我，宇宙间有一位万能的几何学家，它已经用自己的万能测量工具衡量了一切东西，所以几何学无处不在，这就是几何学的迷人之处。

财产的归属

一只狗捡到一根骨头，马上将它据为己有。谁敢跟它抢，它就跟谁拼命，因为它认为那块骨头属于它，是它的合法财产，任何人不能强占。蜘蛛也有这样的思想，蛛网就是它的合法财产，任何人不得强占，否则它就会毫不客气地将对方打倒，吃掉。

我的第一个问题是：蜘蛛们认得自己的财产吗？

我将两个彩带蛛的蛛网换了换，这样它们每个人都面临着一张陌生的网。对于这张不认识的蛛网，它们谁也没有犹豫，像在自己家一样就跑到网的中心，头朝下坐下来，不再动弹。不管我实验多少次，在白天实验还是在晚上实验，结果都是一样的，它们都认为自己现在拥有的就是自己的合法财产。

我又将两只不同类的蜘蛛对调了蛛网，接受实验的是彩带蛛和圆网蛛。它们的蛛网完全不同，一个网眼宽，一个网眼窄，它们会辨认出面前的蛛网不属于自己吗？不会，它们就像先前的实验一样，都将现在所在的蛛网当成自己的家。

但是盲目地接受别人的财产可能会产生悲剧。我曾将一只彩带蛛放到一个冠冕蛛的蛛网上。它们的蛛网表面上看起来一样，但是黏性不同。彩带蛛会盲目地将冠冕蛛的蛛网据为己有吗？它站在上面不敢动，我不停地用麦秸秆骚扰它，它才小心翼翼地挪动了一下脚步，但动作很迟缓，看起来笨手笨脚的，甚至将丝线都弄断了。冠冕蛛的蛛网太黏了，它走在上面粘脚，所以不敢轻易接受。而那个冠冕蛛呢，看到猎物闯入自己的蛛网，并没有像往常一样赶紧将猎物捆起来，而是待到一边看着它。

大多数情况下，我将两只蜘蛛放到一个蛛网上时，它们就会为了争夺这个蛛网而发生战争，战败者也许是主人，也许是侵略者。不管谁战败，获胜的一方都会用丝将对方捆起来，拖到一个安全的地方，毫不客气地吸光它的汁液，然后独自霸占这个蛛网。即使获胜者是侵略的一方，它也会心安理得地吃掉主人，霸占它的合法财产。人类偶尔也会发生这样的抢劫行为，但不

会像它们这么残忍地将对方吃掉。

　　不过蜘蛛们通常不会主动抢夺别人的合法财产，它的主要生活方式不是残杀同类。只有自己的蛛网丢了，比如说我给它捅掉了，它才会做出这样杀人抢劫的事。也许在它那小小的脑袋瓜里是这样想的："拥有哪个网没关系，只要它在我的脚下，它就是我的！谁不服气，过来跟我单挑！赢的人才有资格拥有蛛网！"

　　这就是蜘蛛的财产观，财产该归谁所有，不是看谁创造了它，而是看谁抢到了它。所有权归强者所有，力量就是法律。

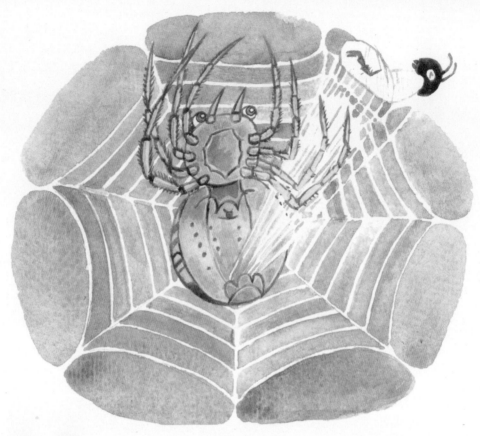

狩 猎

　　蜘蛛的狩猎过程是令人振奋的。

　　我们先看彩带蛛。它平常八脚叉开趴在蛛网正中央，时时刻刻等待着哪个倒霉蛋撞上蛛网。一只蝗虫冒冒失失地一头撞入它的陷阱，蝗虫仗着自己强壮，拼命地挣扎，妄图将蛛网给捅破，然后再爬起来逃掉。事实上蛛网牢不可破，它第一次努力挣脱不掉的话，就彻底逃不出来了，况且彩带蛛也不会给它机会。彩带蛛会马上启动像莲蓬头一样的纺丝器，将一条条的丝撒向猎物，同时两条后足交替着抛出丝雾，猎物就被丝雾层层包裹起来了。一根丝不够用，彩带蛛就赶快抛出第二根、第三根，直到猎物再也抽不出身。当蝗虫被捆得不能动弹了，彩带蛛便用毒牙轻轻咬它一下，然后离开。等毒牙分泌的毒汁发挥作用了，蝗虫彻底失去反抗能力了，它再回到蝗虫身边，大口大口地吸取它的汁液。为了将蝗虫身上的汁液吸干净，它不停地变换吮吸点，直到蝗虫被最终吸干，它才毫不可惜地将尸体往外扔出，然后仍然趴在蛛网中心等待下一个冒失的猎物。

圆网蛛的捕猎方式与彩带蛛差不多，只是它平常不趴在蛛网中心等待猎物，而是躲在一边埋伏起来。一旦脚下的通讯工具震动起来，它就知道这是猎物上钩的信号，马上跑过去。搞笑的是，有时候我将它的通讯工具给破坏掉了，它潜伏在洞里一整天也得不到猎物上门的信息，只好傻呆呆地等一天，它这么耐心还真令人感动。

我将一只猎物放到它的黏性丝上，可怜的小虫绝望地挣扎，但总是被黏糊糊的丝给粘得结结实实的。潜伏着的圆网蛛马上就得到了信号，迅速跑过来，先围着猎物转了一圈，似乎要了解一下猎物的抵抗能力。如果它觉得猎物好对付，就稍微收缩一下肚子，用足碰碰猎物，将它旋转一下，动作非常优美。它这样做的目的是为了将丝头从纺丝器里拉出来，慢慢绕到猎物身上，像绑绷带一样将它包得严严实实——这样可以节省一些丝。然后它又扑向猎物，让猎物保持不动，自己拿着一根丝围着猎物转圈，很快，猎物就彻底不能动弹了。

如果遇到一只强大的猎物，例如一只披着角质盔甲的鞘翅目昆虫，圆网蛛意识到面前的危险，便会背对着它，向开炮一样，从后足的纺丝器中射出一团丝，大量"炮弹"——蛛丝就一股脑地粘住了猎物。猎物会不停地挣扎，扯身上的丝，圆网蛛还会根据情况向着猎物的腿、翅膀、前身、后身等

各处"开炮"。蛛丝像密集的雨点一下撒下来，再强悍的猎物都无法挣脱，螳螂那有锯齿的臂膀、胡蜂挥舞的匕首、鞘翅目昆虫挺直的腰，都在漫天的蛛丝中停止了挣扎。这种方法虽然比较浪费丝，但比较容易制服猎物。圆网蛛还会尽量节省，待猎物不能动弹的时候，就像第一种方法一样，走近猎物一圈一圈地缠绕它。

总之，不管是弱小的还是强大的猎物，圆网蛛都有办法制服它们，两种方法的区别只有用丝多少的不同，结果都是一样的——猎物最终失去反抗能力。捆好之后，圆网蛛也会轻轻咬猎物一口，再走开一会儿，然后再回来，最后将动弹不得的猎物拖到一边美美地吃掉。

值得注意的是，最初被蜘蛛毒牙咬了一口的猎物并没有死，只是暂时麻痹而已。一只蝗虫被咬后，我马上将它从蜘蛛网里取出来，剥去外面的捆绳，它很快就恢复了活力，好像没发生任何事一样。蜘蛛之所以先咬一口再离开，一方面是等待危险解除，另一方面也是为了将来好下口吮吸，如果猎物已经死了的话，里面的汁液不容易被吸出来——最开始我是这么分析的。

可是到了第二天，那只被我解救下来的蝗虫就死了。这说明蜘蛛的毒牙毒性很强，它只随便在哪个地方咬一口，过一段时间猎物就会死亡。这是昆虫界的新型杀人方式，与麻醉神经的节腹泥蜂、击伤猎物头部的大头泥蜂及专门扭伤猎物脖子的方式都不一样。看来每个杀手都有自己的特殊癖好。

第一天解开蛛丝

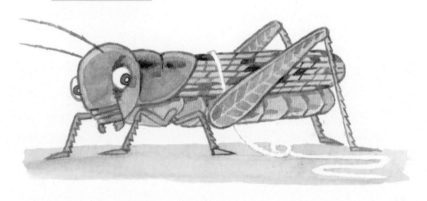

第二天死掉

小·贴士：袋子里的卵

你知道吗？蜘蛛的卵非常特别，它们被装在一个个精致的小袋子里呢！

彩带蛛的卵袋有鸽子蛋那么大。形状像一个倒置的气球，上部越来越细，端口镶着一圈月牙边，丝会将月牙边和蜘蛛连接起来；下部则是一个优美的球形，垂直向下。最顶端则像一个凹陷的火山口，火山口被一块丝垫盖着。整个卵袋全由丝构成，白，厚实，不透水。

圆网蛛的卵袋被安置在枯草丛中。这里的生存环境不是太好，这就要圆网蛛的卵袋不但结实、防水，在冬天还要有保暖作用。我剪开它的卵套，看到上面有一层厚厚的棕红色丝，非常蓬松，像一条柔软的棉被。一个圆筒形小袋就吊在棉被之中。这个精美的小袋子就是圆网蛛的真正卵袋了，也是由丝做成的。卵像橘黄色的珍珠，一粒粒粘在一起，躺在丝袋里。

圆网蛛的卵袋只有防水功能，不能抗寒，所以它必须想办法给自己的卵保暖。一般来说，圆网蛛会将卵袋放在隐秘的地方，如碎石堆中、荆棘丛中，总之尽可能靠近地面。为了防止卵在寒冬中冻坏，圆网蛛会在卵袋上加一层干枯的禾本科植物，然后再粘一层丝，这样卵就等于居住在茅草屋里了，冬天不会太冷。

其他蜘蛛的卵袋，除了形状略有变化外，结构都与上面这几种相差不大。那么，蜘蛛妈妈们是怎样缝制出这么漂亮的卵袋的呢？

八月中旬，实验室里的蜘蛛开始缝制卵袋了。它靠近网纱，先用几根绷紧的丝造一个框架。然后它转身背对着框架，慢慢绕着做圆周运动，同时腹部的末端不停地摆动，后腿则不停地拉丝，将丝粘在框架上。框架的边缘不断升高，织到1厘米长的时候，就接近封口了，这时候蜘蛛用几根丝将封口周围连接起来，扎得紧一些。然后它停止缝制袋子，开始往里面产卵，一直产到装满卵袋。之后蜘蛛离开卵袋，开始缝制袋口了。这时候它的腹部不再

晃动，只是降下来接触某一个点，然后离开再接触另一个点。它经过哪里，哪里便留下一些丝带，然后它再用后足挤压丝带，就这样，一会儿就织成了一条棉被。小蜘蛛们孵化之后，会在这条软和的棉被上休息一会儿，等身体长得更结实之后再去攀高。

圆网蛛在工作进行到这里之后，会突然用棕红色的丝代替白丝，这种丝更细，织出来的棉被更轻，更蓬松。卵袋就淹没在这层如云雾般的棉被中了。

再往后的过程我就不细述了。总之，蜘蛛们所有的工具就是丝和自己的身体，它就像一个纺织娘一样，用自己勤劳的双手，一会儿将丝织成袋子，一会儿织成棉被，一会儿又织成封盖。而做好所有这些只需一夜工夫。我不知道它们是怎么学会编织这些比鸟巢还要精美绝伦的袋子的，只能对着它们连连赞叹。

朗格多克蝎子

尝试饲养蝎子

蝎子与蜘蛛一样，都不属于昆虫，所以一般昆虫学家不会研究它。更何况，蝎子在人们的印象中属于比较危险的动物，观察起来比较麻烦，因此人们对于它的生活习性了解得就更少了。现在我决定饲养蝎子，让它们亲自告诉我它们的喜好。

我首先在荒石园的迷迭香丛中为它们建造了第一座蝎子小镇，模仿着蝎子们的喜好，为每一只蝎子挖了一条容积为几毫升的坑道，然后再用它们最喜欢的沙土填平，再在洞口盖一个大石板，留下一个缺口。最后我打开装着蝎子的纸筒，蝎子就顺着缺口爬进我为它们造的小窝中了。依照这样的方法，我将20只成年蝎子安排在蝎子小镇中。为了防止它们之间发生斗殴，每两个洞之间隔了一定的距离。

要想全面了解蝎子家族的秘密，一个蝎子小镇是不够用的，况且总是跑到荒石园去观察也很不方便，我又在实验室的大桌上建造

了第二个蝎子镇。第二个蝎子镇被安置在一些大罐子里，每个罐子里都塞满了沙土，然后再放两个花盆碎片，以此来代替蝎子们最喜欢的大石板，最后将金属网罩罩在大罐中。每个大罐子里都放着一雌一雄两只蝎子。

由于蝎子在传说中是有毒的，很不安全，因此我还要为实验室中的大罐子做好安全装置，如将网罩固定在大罐子上，防止网罩被它们咬掉跑出来。为了喂食方便，我又在网罩上开了一个小孔，每天将抓到的猎物从这里放下去，喂食完毕，再将这个小孔堵起来。

无论是荒石园中的蝎子，还是实验室中的，它们对我的安排暂时都没什么意见，放

进去之后就老老实实地挖洞了。蝎子挖洞的过程看起来比狗刨土的样子还要灵活。它们将第四对足牢牢地抓住地做支撑，其他三对足则不停地耙地、耕地，或者敏捷地将土块碾碎，然后用步足将碎土清扫掉，将尾巴贴在地上，将土堆往后推。如果它觉得杂物推得不够远，它会回过头来，伸出尾巴将它们推得再远一些。全身器官这样不停地运转，不一会儿它们就消失在自己的土坑中。直到它们认为洞已经够深了，才会停止挖掘。

我打开它们的房间，最先看到的是门厅，它就在大石板下或花盆碎片下。天热的时候，蝎子就喜欢待在门厅下享受石板传递过来的热蒸汽。如果我骚扰它，它就立刻挥动一下尾巴，躲到房间里去。但只要天气暖和，它觉得没危险，它一会儿还会再返回来。从夏天到冬天，它们一直持续着这样的生活。

第二年四月，情况却突然发生了变化。网罩里的蝎子离开花盆碎片，烦躁地跑来跑去，不再回去睡觉，也不想回家。荒石园中的蝎子小镇则乱得更

厉害，居民们刚开始只是流浪不肯回家，最后干脆统统逃跑了。我倾注了大量心血建造的蝎子镇，就这样解散了。

　　我不死心，将剩下的蝎子和新捉回来的蝎子放到一个塑料大棚中，同样铺上细沙，放好它们喜欢的大石板。可第二天，这些居民又全部逃跑了，一只也没剩下。我还不气馁，为了得到一些科学结论，这点困难还吓不到我。于是第三次我下血本，请木匠为我打造了一个框架，然后在框架上装上玻璃。为了避免蝎子们攀爬，我在框架上抹上了油脂。然后在这个玻璃房底下铺了一层细沙，丢进去几张瓦片，蝎子们从此再也无法逃跑了，只好老老实实地待在这个豪华的玻璃宫殿里任凭我处置——想要饲养蝎子的朋友，不妨试试我这个方法。

传闻有误

人们对于蝎子的了解，仅限于它的生理结构，这是解剖蝎子之后得到的唯一成果。但却没有一个人敢于长期观察蝎子们的真实生活。50多年前我第一次见到蝎子时，也是战战兢兢的。看见它卷起的背部上正滚出一滴毒液，两只螯钳顶着洞口，看起来张牙舞爪的，我吓得赶紧用石头重新盖住了它的洞。可是当我研究完身体构造与蝎子类似的蜘蛛，终于鼓足勇气研究蝎子后，才发现它们并不像传闻中的那么可怕。

蝎子喜欢居住在植物稀少的地方，那里经常有被太阳晒烤的页岩。搬开一个大石块，如果找到一个像广口瓶那么大、深十几厘米的洞，那么这就是蝎子的家了。俯身察看，你就会发现主人正在家门口向你示威：它张开两只螯钳，翘起带有毒液的尾巴。我小心翼翼地用镊子夹住它的尾巴，将它头朝下放进一个很结实的纸筒里，再放到一个白铁盒中，带到我的实验室。

看完了蝎子的自画像，你有什么感想呢？怕是被它张牙舞爪的样子给吓坏了吧。再加上你的联想：秋天下雨的天气中，它们悄悄潜入我们的家，跑到你的被窝里，然后举起螯

钳，翘起尾巴……哇！这个画面实在太恐怖了！

　　实际上呢，恐惧往往不是来自于外部，而是来自于我们的心灵。蝎子尽管长相可怕，但却很少伤人，更不像螳螂那么残忍地吃肉。原本我以为，蝎子长得这么凶恶，有强壮的螯钳，令人恐惧的尾巴，一定会是一个打架的好手，吃昆虫的优秀猎人，却没想到它的饭量那么小——从十月份到次年四月，它总是闭门不出，即使我喂它食物，它也毫不客气地用尾巴将它扫到洞外。一年中有四分之三的时间都在禁食，却能保持旺盛的精力，这是我始料未及的。一直到四月初，蝎子们才有一点点胃口，慢慢吃一些蜈蚣什么的，都是小虫子。况且就连这点食物，蝎子们还要消化很久，第二次进食又不知道是多久以后的事了。

　　而且我还发现，蝎子简直就是一个胆小鬼。一只粉蝶从卷心菜里飞出，断了一只翅膀，它无奈地扑腾了一下断翅，蝎子就被它这个举动给吓坏了，赶紧逃跑。蝗虫在它面前蹦跳两下，它也会被吓跑。有时候我还见某只蝈蝈儿大胆地爬到蝎子的背上，蝎子也没有表示不满或将骑着自己作威作福的坏蛋给抓下来吃掉。还有几百次我发现，蝎子和蝗虫迎面碰上，让路的总是蝎子，即使它偶尔有几次不耐烦，最多也只是用尾巴将挡路的蝗虫给扫开，很少会主动进攻蝗虫。

我还曾为蝎子抓来了六只蟋蟀，本以为蝎子会像螳螂一样残忍地将这六个歌唱家吞到肚子里去。可歌唱家们并没意识到有危险逼近，依旧唱着动听的歌，吃着最喜爱的生菜叶。一只蝎子好奇地走过来，蟋蟀毫不畏惧地盯着它，甚至用自己细细的触角瞄准它，对面前的巨兽没有一点恐惧之心。蝎子则相反，它看到蟋蟀之后立刻吓得后退了。它的螯钳只是不小心碰了蟋蟀一下，它就惟恐人家找茬，赶紧逃走了。六只蟋蟀与蝎子共住了一个月，没发生任何事，最后我将它们释放了。

总之，除非特别饥饿，蝎子不会冒犯别人。它的捕食过程也称不上血腥，甚至称不上惊险。我为它提供了野樱朽木甲，它悄悄地走向自己的猎物，伸出两个螯钳，很轻松就将朽木甲夹起来，然后像我们弯胳膊一样弯了一下螯钳，就将猎物送到自己的嘴边。猎物不甘向命运低头，拼死挣扎，这令蝎子很不高兴，它稍稍弯一下自己的尾部，在猎物身上刺了一下，就安静了。之后，蝎子慢吞吞地将朽木甲吃完了——其实还没有吃完，经过几个小时消化、研磨，朽木甲变成了一团干渣子，蝎子怎样努力也咽不下去，只好用螯钳将它们从嘴里掏出来丢掉了。

可怕的毒液

　　尽管蝎子大部分时间都比较仁慈，不轻易伤害其他小虫子，但人们送它一个恶名也不算冤枉它。只要它有兴趣，绝对会动用它那可怕的杀人武器，轻而易举杀死一个小生命。

　　蝎子的饭量很小，所以只需很小一个猎物就行了。螯钳一伸就能捕捉一只，根本用不着其他杀人武器。只有它觉得猎物乱动妨碍自己进食了，才将尾巴向前弯曲，轻轻刺一下，让猎物乖乖不动。因此尾巴上的毒刺在捕食中只起辅助作用，这是不是太大材小用了？我非常想知道它什么情况下才会动

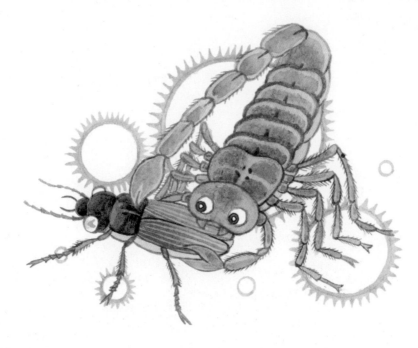

用这个杀伤工具。

　　我将一只狼蛛和一只蝎子放在一起，它们两个都有毒螯，狼蛛虽然没有蝎子强壮，但身手敏捷。这场角斗结果怎样呢？狼蛛并未被蝎子的高大身材所吓倒，照样摆出一个吓人的姿势，张开流着毒液的螯牙，做好战斗的准

备。蝎子不急不忙地走过来，一对螯钳像伸开的胳膊一样，大老远就将狼蛛抓住了。狼蛛不停地挣扎，大颚一张一合地拼命乱咬，但却够不着蝎子。蝎子又是不急不忙地翘起尾巴，将毒刺向前扎向狼蛛的胸部。刚才还活蹦乱跳的狼蛛，全身抽搐了一阵，很快就死了。我实验了六只狼蛛，它们的结局都是如此，蝎子总是采取同样的战术，轻易地把它们制服。狼蛛是蜘蛛中比较厉害的杀手了，它尚且战败，彩带蛛、圆网蛛、冠冕蛛们就更不必说了。它们吓得统统忘掉了自己优秀的纺织和捆绑技术，纷纷死于蝎子的毒刺下。蜘蛛们胖乎乎的，对蝎子来说是上等的猎物，它们全部被蝎子吃掉了。

螳螂是昆虫界一个很凶狠的杀手，它与蝎子角斗，谁会胜出？似乎是为了节约毒液，蝎子只是不耐烦地用尾巴将螳螂赶走。但螳螂不知天高地厚，依然对蝎子骚扰个不停，被激怒的蝎子立刻伸出一对螯钳，不顾螳螂的张牙舞爪，翘起尾巴，伸出毒刺就扎进了螳螂两只厉害的前腿。螳螂立刻弯起腿抽搐起来，肚皮不停地跳，尾部不停地颤动。十几分钟之后，它就完全不动了。有的螳螂战斗的时间长一些，它们会首先抓住蝎子的尾部，但抓了一会

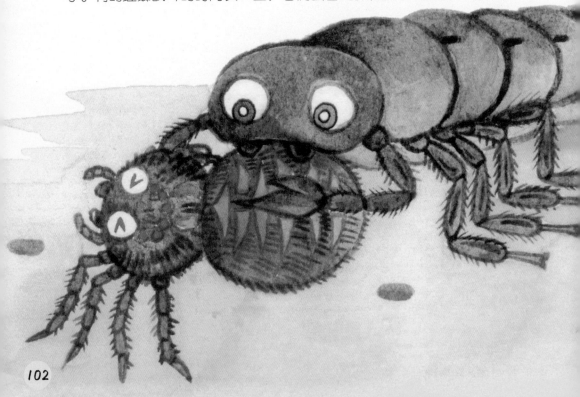

儿就没劲儿了，一旦松手就会被蝎子尾部的毒刺刺中腹部，像断了弹簧的机器一样瘫痪下去。

我用螳螂做了好多次实验，螳螂有时是马上死掉，有时是抽搐了几分钟才死。蝎子毒刺所刺的部位，则不像手术专家们那样只刺神经中枢，而是碰到哪里就刺哪里，被刺中后的螳螂最终总是难逃一死。这似乎说明，蝎子的毒液毒性很强。

蜘蛛和螳螂在昆虫界都是出类拔萃的杀手，总是它们杀害别人，很少被人捕杀，所以反抗能力较弱，才会死得这么快。于是我决定寻找一些比较笨，常被其他昆虫捕杀的昆虫——蝼蛄。果然如我所料，虽然它仍然死于蝎子的毒刺，但挣扎的时间更久一些。我又实验了蝗虫、螽斯，它们也没能逃脱毒刺的魔爪，蝎子只轻轻蜇一下，它们就痛苦地抽搐起来，只是挣扎的时间比较长。灰蝗虫至少会挣扎一个小时才死。螽斯受伤后我用药水为它简单治疗了一下，它痛苦了七天才死去。我认为后两种昆虫之所以挨蜇之后活得更久一些，是因为它们身体强壮的缘故。

后来我又用各种虫子做了类似的实验，实验对象包括蜻蜓、蝉、天牛、圣甲虫、步甲、金龟子、蝴蝶、大孔雀蛾、蜈蚣等。我能想到所有的昆虫，无一例外全部被蝎子毒死了，所不同的只是挣扎时间的长短而已。越高等的生物，如蜘蛛、螳螂，死得越快；越低等的生物，死得越慢，如蜈蚣——它被刺了七下，苦撑了四天才死去，去世的一部分原因还是因为失血过多。不同的昆虫为什么会有不同的死亡时间？我无法了解蝎子毒刺的秘密。

幼虫的免疫力

我尚未弄明白蝎子的毒刺，又发现了一个新的问题。

有一次，由于找不到其他昆虫，我就随便抓来一只花金龟幼虫给蝎子。花金龟幼虫只是仰面朝天地绕着围墙拼命逃窜，蝎子也没采取什么措施，只是莫名其妙地看着它转圈。当花金龟幼虫绕着网罩再次转到蝎子身边时，蝎子甚至挪了挪身子，给它让路。我就拼命地用一根麦秸秆骚扰它们，花金龟幼虫根本就不想挑衅，干脆缩起身子不再动弹；蝎子却被激怒了——它还认为自己是被花金龟幼虫骚扰呢，于是气愤地向它挥舞起自己的毒刺，一下子刺中花金龟幼虫，而且用力很大，都将花金龟幼虫刺得流血了呢！

原本我以为受到蝎子毒刺蜇的花金龟幼虫抽搐几下很快就会死去，但没想到过了一会儿它竟然站起来逃跑了，好像没受到任何伤害一样。两个小时

之后，它依然很健康，第二天依旧如此——花金龟成虫可支撑不了这么久。我又将这条花金龟幼虫送给另一只蝎子，仍然挑逗蝎子使花金龟幼虫挨蜇，被蜇了两次的花金龟幼虫依然像没发生任何事一样，非常健康，它像往常一样钻进烂树叶中进食去了。这绝不是因为这只花金龟幼虫特别，我实验了12只花金龟幼虫，它们即使被蜇得流血，依然没事，第二年，它们甚至变成了蛹。蝎子的毒刺似乎对它们没有一点影响。

这让我想起一个刺猬的故事。一只刺猬正在给孩子喂食，一条毒蛇爬来

了，刺猬用自己一贯灵敏的鼻子闻向毒蛇所在的方向。可怕的毒蛇"咝咝"地叫着，一连在刺猬的鼻子上和嘴唇上咬了好几口。但刺猬并没有中毒死去，只是舔了舔自己受伤的地方，然后抓住毒蛇的头，将它嚼碎，连同毒牙和毒腺及毒蛇的半个身体一起吃掉了。最终刺猬不但没有中毒，还能返回来继续给孩子们喂食呢。晚上，它又用同样的方法吃掉了毒蛇的后半条身体及另一条毒蛇。两天后，这只刺猬又同另一条毒蛇作战，这次它被毒蛇咬了20多下，依然没有中毒，最后反而抓住毒蛇的头制服并吃掉了它，然后依然照顾自己的孩子，没有任何中毒的迹象。

据说蓬莱国的国王米特里达特为了防止敌人下毒，就培养自己吃毒药的习惯。他的胃因此能承受很多毒药，他本人对毒药也有了免疫力，从此不再中毒。刺猬应该也是因为经常吃毒蛇的缘故，所以不会中毒。可金龟子幼虫

却不会因为经常被蝎子毒刺蜇而拥有免疫力，因为它跟蝎子根本生活在不同的环境中，很难有照面的机会。

花金龟幼虫的免疫力应该是一种普遍的现象。我又找了其他昆虫的幼虫，如葡萄蛀犀金龟的幼虫、天牛幼虫、神天牛幼虫、鳃金龟幼虫、平行陶锹甲幼虫、黑步甲幼虫、蝶蛾幼虫、蚕、大戟天蛾幼虫、大孔雀蛾幼虫等，它们被蝎子的毒刺蜇中之后都不会死，若无其他状况，最终还会发育成蛹，羽化为成虫。而它们的成虫，被蝎子蜇中之后，结局只有一个——死亡。蝗虫、螳螂、螽斯、蝼蛄等昆虫，由于没有真正意义上的变态，所以无论是幼虫还是成虫，最终都会死去。

原本我以为，决定昆虫死活的是昆虫的结构，低等昆虫支撑的时间久一些才死，高等昆虫被蜇后则马上就死。现在蝎子又告诉了我一个规则：有些昆虫的幼虫即使被蜇得流血，也不会死，但它变为成虫后，则必死无疑。这又是为什么呢？

有的科学家认为，通过注射血清接种疫苗，可以减轻病毒的危害。如果

是这样的话，金龟子幼虫被蜇之后就感染了病毒，它的血液将会对毒液产生抵抗力，所以不会立刻死去。等于说它是接种了疫苗，所以即使将来被蜇也应该不会死。

是这样吗？我将曾经被"接种"过的幼虫找出来，分别是24只花金龟幼虫，4只大戟蛾幼虫，几只蚕蛹，它们都曾被蝎子蜇得血淋淋的，等它们完成变态之后，我会再请蝎子蜇它们。三周后，蚕蛾首先羽化了，蝎子蜇一下，它们痛苦地抽搐了两天就死了。金龟子幼虫羽化之后，再送到蝎子那里，命运仍然是一个字：死！

我又采取了输血的方法，即将挨过蜇却没事的幼虫血液注射到成虫的体内。手术虽然很成功，花金龟接受了幼虫的血液，但它仍然没能够抗住蝎子的毒液，被蜇之后依然死掉了。

按照血清论的说法，这些昆虫幼年时期都曾接种过蝎毒疫苗，对毒液拥有了免疫力，成年后就不会死。但事实证明了这个说法是错误的。

生命是很复杂的，绝不是某一个科学理论或化学试剂调配出来的，幼虫未被毒死而成虫却被毒死的现象应该是由于其他原因。

奇怪的订婚仪式

春天是谈恋爱的最好季节，这个原则也适用于动物。四月份的时候，我在蝎子镇发现了谋杀，被杀害的都是体色金黄的雄蝎子，它们也像螳螂丈夫一样，被恶毒的老婆杀害并吃掉了。这个现象促使我开始研究蝎子的婚俗。

25只蝎子居民在豪华的玻璃宫殿内。晚上我提着灯去探望它们，正处于发情期的它们不再躲在家中，纷纷出来寻找艳遇。在灯光的刺激下，它们像喜光的蛾子一样兴奋不已，致使玻璃宫殿中的场面陷入混乱，好多蝎子的步足、螯钳不断地缠绕在一起，不知是想打架，还是表示亲昵。受到别人碰触的蝎子，则吓得赶紧逃开，躲在隐秘的地方，玻璃宫殿一会儿又安静了。不过这种安静持续不了多久，很快它们又重新聚集在灯下，来来去去地散步。

混乱中，两只蝎子对上眼了。它们额头对着额头，螯钳顶着螯钳，竖起的尾巴不停地互相抚摸，尾尖则勾在一起，一会儿就分开来，但很快又会勾在一起。我还没弄清楚怎么回事，它们两个就匆匆分开了。

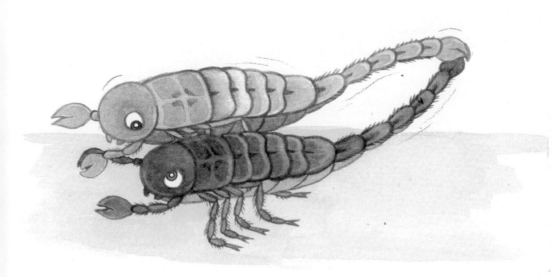

　　有一次，我还发现另一个更奇特的事。两只蝎子面对面伸出自己的螯钳，握住对方的"手指"。这是两只异性蝎子，我暂且认为它们两个正在举行订婚仪式。它们将尾巴盘成美丽的螺旋形，迈着整齐的步伐沿着玻璃城墙走。这个订婚仪式非常浪漫，蝎子们半透明的身体在灯光下发出黄色的光芒，好像美丽的琥珀，引得我们全家人都过来观看。

　　这对未婚夫妇沿着玻璃城墙漫无目的地走呀走，雄蝎子总是在前倒着走，手指紧紧握着雌蝎子，好像一对亲密的恋人围绕着城墙散步。它们随着其他蝎子人流，走走停停，但始终保持着这样手拉手的姿势。决策者总是雄蝎子，偶尔它会优雅地来一个侧转身，与心爱的姑娘并排站立，然后放下自己的尾巴，轻轻抚摸一下姑娘的背，姑娘则羞答答地不吭声。有时候它们还会有更亲昵的举动，额头顶在一起，嘴碰在一起，这是接吻吧！动物也会哦！有时候它们也会用自己纤细的腿轻拍情人的脸蛋。不过雌蝎子要是不喜欢了，会用尾巴拍打蝎子先生的手，蝎子先生只好灰溜溜地收回自己的轻浮。

　　不过大多数时候，它们只是手拉着手没完没了地散步。到了晚上十点，它们的散步结束了，雄蝎子来到一个瓦片下，放开情人的一只手，另一只手仍然抓着。它用腿在瓦片下扒拉了一阵，用尾巴扫扫地面上的土，就出现了一个洞口。雄蝎子先钻进洞，然后温柔地将雌蝎子领到洞里，然后洞口就封闭了，我什么也看不见了。如果我试图将瓦片揭开偷窥它们的秘密，它们就会继续散步，不肯进洞。我已经困得不行了，只好由着它们去了。但我实在是好奇啊，结果晚上做了一夜的梦，梦见很多蝎子钻进我的被窝，爬到我的脸上，但它们却没有附到我耳边告诉我它们的秘密。

　　第二天天一亮，我就赶紧起床到玻璃宫殿外查看，结果只在瓦片下面看到了一只雌蝎子，雄蝎子却不见了踪影。

　　第二天晚上，我照旧提着灯去观看。雌蝎子和雄蝎子依然保持着手拉

手的姿势，到了中意的瓦片下面，雄蝎子依然担负起收拾屋子的责任，雌蝎子则害羞地待在洞口等着。为了不错过激动人心的时刻，我们全家人轮流换岗，每十分钟过来一个人观察，其余人则回去休息。但情况依然与昨天一样，它们只是手拉手地散步，最后进入一个瓦片下。两个小时后，我忍耐不住好奇，掀开一个瓦片，结果发现它们依旧手拉手待着，没什么新奇的事情发生。

第三天观察，情形依然如此，大家依然没完没了地手拉手散步。

争风吃醋与拉锯战

有一次，一对未婚夫妇正绕着城墙散步，遇到了另一只沿着城墙散步的流浪汉。这个流浪汉马上意识到这两只蝎子的微妙关系，不好意思充当电灯泡，赶紧给它们让路。但并非所有的流浪汉都这么友好，雄蝎子之间有时会争夺同一个爱侣。

有时候，一对未婚夫妇正在甜蜜地握着对方的手，遇到了一群雄蝎子。没找到伴侣的小伙子们会用复杂的眼光看着这对情侣，有人羡慕，有人嫉妒。突然一个小伙子扑向雌蝎子，抱着它的腿，似乎在拼命哀求它："请不要嫁给它！请你做我的新娘吧！"而这位美人的未婚夫，被情人的疯狂爱慕者弄得丝毫没有办法，它也努力地将未婚妻拉向自己，但最终累得没有一点力气了，只好放弃雌蝎子。

但雄蝎子不会因为爱人被抢走而气馁，旁边就有一只形单影只的雌蝎子正在散步，它放下未婚妻的手之后，就向那位美人求婚，并邀请对方手拉手跟自己一起散步。不过姑娘被它如此大胆直白的告白给吓坏了，赶紧挣脱它的手，逃走了。于是它又向另一位姑娘告白，这次成功了，姑娘羞答答地伸

出自己的手给它握着，成为它的新未婚妻。不过这次它依然不能保证未婚妻不会被其他雄蝎子给抢走——即使抢走了又有什么关系？它一点都不会为情所伤，好姑娘多得是，一定会有一只雌蝎子愿意伸出自己的手，与它手拉手地散步，最后跟它进入瓦片洞房。

求婚大战让我发现了一个事实，蝎子姑娘并非总是心甘情愿地跟着蝎子先生走。它们散步完毕，蝎子先生会找一个瓦片洞房，当着姑娘的面，殷勤地将房子打扫干净，然后请它进去。姑娘似乎对这个洞房不太满意，爬到洞口看了一下，然后又退回来了。蝎子先生很不高兴，于是就粗鲁地将姑娘往洞里拉。它们一个极力拉，一个极力挣开，争执了好久，最后姑娘真的生气了，拼命地一甩，就将蝎子先生拽出来了。发生了如此严重的争执，它们却没有分手，而是继续手拉着手沿着城墙散步。一个小时后，它们又来到原来的洞房，蝎子先生依然热情地请蝎子姑娘进去，姑娘依然不肯，于是又展开了拉锯战。一直到晚上十点，蝎子姑娘终于没拗过自己的爱人，勉强进洞了。可姑娘始终不满意这个洞房，半个小时之后，它匆忙地逃出来了，蝎子先生在后面紧追不舍，但美人已经不见了踪影，艳遇没有成功的蝎子先生只好灰溜溜地回家了。

好多次我还发现，雌蝎子的手指总是被雄蝎子抓住，支配权掌握在雄蝎子手中，只有雄蝎子放手了，它才能自由。雄蝎子若不松，雌蝎子就无法挣脱，它是一个爱情俘虏。

拉锯战不仅仅在蝎子情侣之间发生，我还见过三只蝎子拉拉扯扯呢！如果两只雄蝎子同时遇到一只雌蝎子，获胜者就是那个更用力拉扯的，这时候你会看到一场激动人心的大战：两只雄蝎子，一左一右分别拉着雌蝎子的两只手，都像拔河一样拼命地将雌蝎子往自己身边拽。为了增强拉力，它们还会一边拉，一边摇，美人眼看就要被它们两个拉成两半了。情敌只会用这种方式争夺爱人，它们之间绝不会有直接接触，拉扯造成的伤害则由美人独自承担。

看来蝎子先生都是比较要面子的，都不肯主动退出，这样的拉扯僵持了很久。最后，蝎子先生干脆将另一只手也伸出来，三只蝎子因此围成一个圆圈，大家拉呀扯呀，这场争斗不知会持续多久。终于，一只雄蝎子退出了这场三角恋，将钟情的姑娘让给情敌。不过我一点也不会担心这只落败者，它很快会通过寻找另一只蝎子姑娘来挽回自己的面子。

你们这些为情所困的雄蝎子，我该说你们什么好呢？虽然我没能亲眼见到你们的婚礼，但我知道你们的最终结局，那就是被妻子杀害。我在蝎子的新房里经常只能见到新娘，新郎不是找不到，就是只剩下部分身体，头、螯钳、腿，或者身体其他部分，已经被新娘子吃掉了。我还见过一些悍妇，公然将丈夫的尸体举在头顶，好像在炫耀自己的战利品，然后将它抛给爱吃肉的蚂蚁。你们撒下绅士的礼仪，粗鲁地将姑娘拉到自己家里，就是为了被姑娘杀掉吗？这样奇特的婚俗实在令人费解。

小蝎子

我再一次领略到"尽信书不如无书"的真谛。某位大师在自己的书上说，蝎子九月份开始生产，如果我看了这本书之后再观察，那么我就看不到小蝎子的出世了。幸亏我保持了一贯的谨慎，没有相信书本，才在七月份及时看到了蝎子的繁殖。

7月22日早晨6点，我来到实验室，看到一只雌蝎子背上背了一群小蝎子，看起来像披了一件白斗篷。小蝎子应该是夜里出生的，因为昨天晚上蝎子妈妈的背上还光秃秃的呢！我总共得到了7窝小蝎子，还有一些雌蝎子肚皮鼓鼓的，我幻想着它们再为我生一堆小蝎子。可是冬天过去了，它们依然没有临盆的迹象，可能要等到下一年了，蝎子的怀孕期之长超乎我的想象。

最后我将每个蝎子家庭都单独放在一起。

有一窝蝎子是昨天晚上才出生的，我用麦秸秆扒开雌蝎子，发现它的肚皮下面还藏着孩子。书上说蝎子属于胎生动物，可这些小蝎子们天生就伸直螯钳、叉开腿、翘着尾巴，它们是怎么进入孕妇狭窄的产道的呢？我推测，它们出生时肯定是被包裹着的。我在雌蝎子肚皮底下发现的，就是卵膜，小蝎子出生后的残留物，小蝎子出生之前就被裹在这层卵膜中。虽然我没有亲眼见到生产时的情景，但这一切充分说明，蝎子属于卵生动物。

小蝎子怎样从卵里解放呢？谢天谢地，幸亏我有一台监视仪器，它让我看到了这个过程。我看见雌蝎子用大颚尖轻轻地咬住卵膜，小心地撕破，然后吞到肚子里，再温柔地剥掉胎膜，与母猫吃掉胎膜是一样的，与我们人类的接生过程也差不多。小蝎子被黏液粘住了，尽管胎膜已经被撕掉一半了，但它仍然无法出来，必须依赖母亲大颚的帮助。小蝎子出生之后，浑身干干净净的，身上的残余物已经被母亲给吃到肚子里了，地面上也干干净净的。之后，它们便一只只爬到母亲的背上，母亲则特意伸出螯钳帮助它们攀登。

我想不通，蝎子这么低等的动物，怎么懂得高级动物的生产方式？生物

的进化，不是简单地从低级走向高级，而是跳跃式演进的，进化方向有时前进，有时后退。

然而我的好奇心依然没有得到满足。想起狼蛛的习俗，我拿起麦秸秆靠

近小蝎子，母蝎子马上愤怒地举起螯钳，钳口开得很大，好像随时准备跟我拼命。它打架时很少主动挥舞尾巴，现在突然伸开尾巴竖起毒刺，将背上的小蝎子都震了下来。我让一只小蝎子跌落到几厘米外的地方，母蝎子不动声色，小蝎子自己会站起来重新爬到母亲背上。我依然不死心，使一部分小蝎子都跌落下来，散得远远的，它们开始找不到母亲，不知该往何处走，胡乱跑起来。雌蝎子意识到情况不妙，一把伸出自己的螯钳，将孩子们刮到自己身边，小蝎子们很快又回到它的背上。我又将另一只蝎子的孩子扫落到它附近，那些小蝎子不管这是不是自己的母亲，只管往它的背上爬，它也温柔地接纳了养子。我不再捉弄这个慈爱的母亲，它就将自己和孩子关在屋子里，而不像狼蛛母亲那样背着孩子四处流浪。

令人惊奇的是，小蝎子虽然像胎生物种一样，已经具备了蝎子的外形，但它以后还会经历蜕皮的过程。"蜕皮"这个词用到蝎子身上也不太妥当，

真正的蜕皮，是从胸部开始裂开的，而小蝎子的皮是前后左右同时开裂的。蜕皮时，小蝎子们看起来很痛苦，好像要死了一样。每经历一次这样的蜕皮，蝎子的轮廓就更明显一些，身体也变得更大更灵活一些，甚至可以围绕着母亲小跑了。原来它的身体只有9毫米长，脱皮之后就有14毫米了，成长速度真是惊人。更惊人的是，它们在此期间根本没吃东西，像它们的母亲一样耐饥饿。

最好笑的是小蝎子跟母亲一起打瞌睡，那场面真是漂亮。金黄色的小蝎子靠在地上，紧紧跟着母亲；有一些小蝎子趴在母亲背上，一些爬到母亲尾巴的漩涡顶，有一种俯瞰众生的豪情；还有几只小蝎子想把漩涡顶上的兄弟赶走，自己也体会一下居高临下的感觉；另外几只则在母亲的肚子下面乱动个不停，有的甚至调皮地扒着母亲的腿荡秋千。母亲尽管慈爱，但是吃食物的时候却只顾自己吃，根本不给孩子留一口，哪个小蝎子要是撒娇跟它抢的话，可能还会被母亲不小心吞下肚呢！

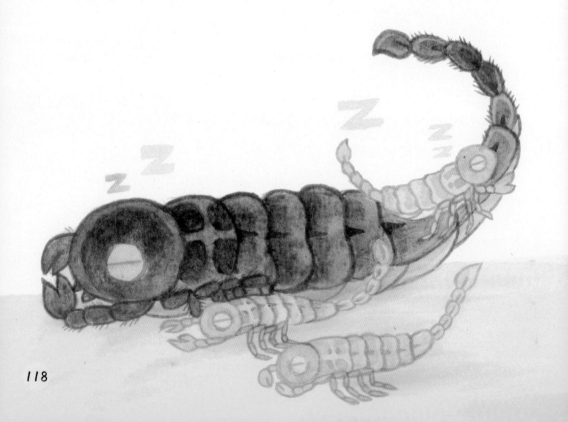

小•贴士：禁食主义者

你知道吗？蝎子不仅仅食量小，还是一个禁食主义者呢！

秋初，我将4只蝎子放在不同的罐子里饲养。罐子被盖得严严实实的，蝎子们逃不出去，小飞虫也飞不进来。如果我不给它们喂食的话，它们自己是不会有机会找到食物的。但我发现，尽管它们经常一连几天地饿肚子，却丝毫没有烦躁、愤怒的感觉，大家依然很高兴地躲在瓦片下面挖洞，傍晚的时候出来散一会儿步，然后再返回到家里。秋天到了，它们的生活依然如此，只是更少爬出来了。我有时故意很久不喂它们，然后幸灾乐祸地看它们会不会饿得求我。可是没有，它们没有任何异样，依然很健康，很快乐。

一般动物，若是几天不吃饭，会变得容易愤怒、惊慌；若是食肉动物，则会变得更凶猛。即使不出现这些情况，但生命的延续是需要不断补充能量的，有些动物会因为挨饿而变得憔悴，皮肤变差，毛色不再光鲜。而我这些经常挨饿的蝎子们，即使很久不吃东西，精神状态仍然很好，依旧可以自如地挥动尾巴恐吓我。如果我过度地骚扰它们，它们还会沿着罐子不停地跑

步，看起来精力依然旺盛。

它们究竟能禁食多久？我故意长期不给它们喂食。元月中旬，从秋季就被我囚禁起来的蝎子，有三个被饿死了，最后一个，则挨到七月——它竟然可以连续挨饿9个月。

小蝎子出世后，我发现它们也可以长期不进食，而且不进食也能长大，这就更令人称奇了，于是我抓了一些小蝎子做实验。小蝎子身长30毫米，颜色更鲜艳一些。十月份，我抓了4只小蝎子，将它们分别放到四个铺有细沙的玻璃杯中。用纱布盖住封口，这样它们依然爬不出去，外面的小飞虫也进

不来。然后我就不管它们了，只是经常来察看一下它们的健康状况。实验结果证明，尽管它们年纪小小，但却也已经具备成年蝎子那种挨饿的本领。直到第二年五六月份，这几个小蝎子才死去，它们也可以连续挨饿半年多。

这两个实验告诉我，即使七八个月不吃任何东西，蝎子也依然能保持旺盛的生命力。其他动物都需要不停地进食才能为未来的生命储存能量，蝎子们为什么吃一点点食物就能撑那么久？

根据蝎子的身材长短，我大致可以将它们分成五个级别，最小的只有1.5厘米，最长的9厘米，其他长度在这两者之间。很明显，每个级别的蝎子都是有一个年龄段的，而每两个级别的年龄差则都在一年以上。所以一只蝎子的平均寿命是五年左右，也许会更长。可是蝎子们的寿命这么长，它们应该更需要多吃食物来补充能量呀，但它们却能在长期禁食的生活条件下健康地成长，并且在此过程中还要承担挖土这样繁重的劳动。

我们的工厂不可能只加一块煤就确保机器常年运转，我们自己也不可能只吃一块面包就七八个月不饿，可蝎子这么小小的身躯，却能为生命的燃烧提供那么长时间的能量。长期的禁食之后，它们依然容光焕发、肤色红润，这真的很令人费解。要是我们人类也能做到这一点，这该是一个怎样的奇迹啊！愿其他科学家早日破解蝎子的秘密，这样我们人类就可以节省很多能源了。

萤火虫

生命中总有奇迹

　　萤火虫是一种家喻户晓的昆虫。谁都知道这种虫子喜欢在尾部挂个灯笼，古希腊人干脆叫它"屁股上挂灯笼者"。可你也许想不到，这样一只提着灯笼到处跑的小虫子，竟然是一个疯狂恶魔。那些总是背着自己的房子辛辛苦苦赶路的蜗牛，就是它绝美的大餐。更恶毒的是，它会先用自己的大颚轻轻地敲打蜗牛的膜，你可能以为这没什么，但萤火虫已经将毒液注射到蜗牛体内了，当蜗牛被麻醉之后，萤火虫就可以揪着蜗牛的肉大吃特吃了（实际上蜗牛是被吸干了汁液）。而且我发现，蜗牛总是由一只萤火虫麻醉，然后被几只萤火虫瓜分，直到只剩下一具空骸。

　　还是别讲这些残忍的事了，让我们转过来关注萤火虫的小灯笼吧，毕竟这才是它成名的原因。

　　雌萤火虫的发光器官长在腹部的最后三个体节，其中前两个体节为宽带

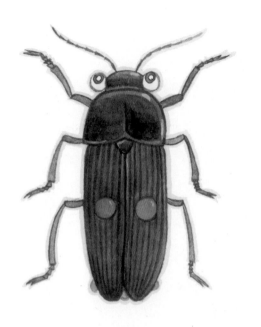
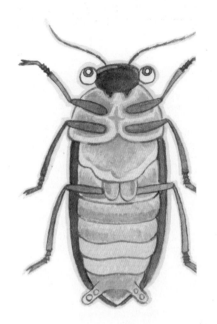

状，拱形腹部几乎全被它们遮住了。第三节只有两个新月形状的小点，亮光从背部透出来。发光的部分，正是宽带和小点。雄萤火虫的发光器官与雌虫类似，只是它没有这两条宽带。

我想雌虫之所以把自己打扮得那么绚丽，与它的发育情况有关。雌虫发育得不充分，没有翅膀，不能飞翔。而雄虫发育较完全，长出了鞘翅和后翅，能够飞翔。交配季节来临时，为了吸引雄虫，雌虫只有将自己尽可能地打扮得花枝招展一些才能更引人注目，所以它的两条宽带比雄虫的白点亮多了。

我将一只雌萤火虫解剖，取出它的宽带，放到显微镜下面观察。宽带的表面有一层非常细腻的黏性物质，是白色的，我猜这是一种光化物质。白色物质的旁边连着一根奇怪的气管，上面长了很多细枝。这些细枝有的一直延伸到发光层上，有的深入到萤火虫的身体里。这似乎说明，发光器官是受呼吸器官支配的。萤火虫会发光是光化物质氧化的结果。这些长了很多细枝的气管将空气平均分散到这些光化物质上，萤火虫的"灯笼"就亮起来了。

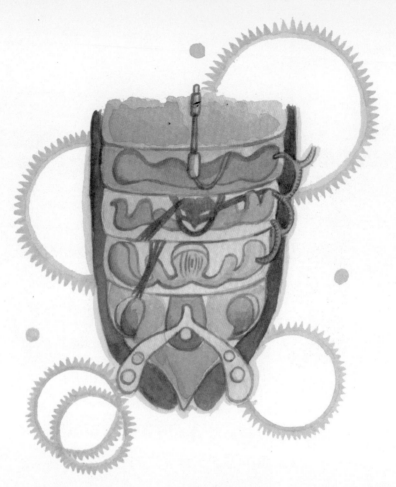

　　另外我还发现，萤火虫有办法控制灯笼的亮度。当气管中的空气流量增多时，光化物质就氧化得快一些，荧光的亮度就强一些；相反，萤火虫减缓通气或干脆不通气，荧光亮度就减弱，甚至干脆熄灭了。

　　不同的萤火虫发出的光亮度是不同的。光带和白点是婚龄雌虫的发光器械。而只有白点没有光带的幼虫和雄虫，光亮就不及婚龄雌虫。另外，萤火虫情绪不佳时，白点会拒绝发光。有时我夜晚捕捉萤火虫时，明明看到小灯笼的白点，但由于碰到萤火虫栖息的小草，它就惊慌失措地灭掉了灯笼。而雌虫的光带，则受到多大的惊吓都不会熄灭，即使我在它身边放爆竹，光带依旧亮着——这是因为交配的季节到了，它需要用这些光亮来吸引雄虫。

　　在萤火虫们交配的时候，灯光会变弱，弱到几乎要熄灭了，只有尾部的小白点还发出微弱的光芒。也许它们认为，结婚这种事还是低调一些好，不必到处嚷嚷得全世界都知道。

　　交配之后，雌萤火虫就开始产卵。只是它这位母亲太不负责任了，随便将孩子撒到什么地方就不再理会。令人称奇的是，萤火虫卵也是会发光的，如果我不小心捏碎一个将要产卵的雌萤火虫，就会看到一道闪闪发光的汁液在我手指上流淌。这些发光物就是卵了，它们在妈妈的卵巢里就学会了发光。这些卵不久就会孵化，幼虫无论雌雄，都背着一盏小灯。天冷时，它们会钻入地下，过一阵子我将它们挖出来，发现小灯依旧在它们背上。

　　由此可见，萤火虫一生都在发光，卵会发光，幼虫会发光，成虫更会发光。可它们的背上为什么会有这么一盏小灯呢？我不清楚，生命的玄妙之处太多了。

图书在版编目（CIP）数据

个性十足的虫子：蛾子、蜘蛛、萤火虫／（法）法布尔（Fabre, J. H.）原著；胡延东编译. — 天津：天津科技翻译出版有限公司，2015.7
（昆虫记）
ISBN 978-7-5433-3496-0

Ⅰ.①个… Ⅱ.①法… ②胡… Ⅲ.①蛾—普及读物②蜘蛛目—普及读物③萤科—普及读物 Ⅳ.①Q964-49②Q959.226-49③Q969.48-49

中国版本图书馆 CIP 数据核字（2015）第 103933 号

出　　版：天津科技翻译出版有限公司
出 版 人：刘　庆
地　　址：天津市南开区白堤路 244 号
邮政编码：300192
电　　话：（022）87894896
传　　真：（022）87895650
网　　址：www.tsttpc.com
印　　刷：三河市兴国印务有限公司
发　　行：全国新华书店
版本记录：787×1092　16开本　8印张　160千字
　　　　　2015年 7月第1版　2015年 7月第 1 次印刷
　　　　　定价：23.80元